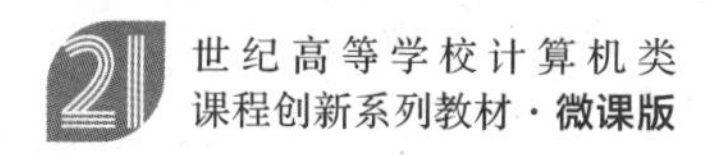

Python编程项目案例实战

（微课视频版）

张坤 张应博 / 编著

清华大学出版社
北京

内容简介

本书从初学者的角度进行编写，内容比较全面，由浅入深地设计案例内容。全书共分为两篇：第一篇是Python基础，介绍了Python入门、基本数据类型与表达式、语句与结构化程序设计、组合数据类型与字符串、函数、文件处理、异常处理、面向对象程序设计；第二篇是Python实战，介绍了数据库编程、网页爬取、数据可视化、Python图形化界面设计、Python网络编程和Python实践综合案例。书中的每个知识点都有相应的实现代码和案例。

本书是一本针对爱好Python的读者而编写的Python基础教程，尤其适用于高等院校的教师、在读学生及相关领域的Python爱好者。

图书在版编目(CIP)数据

Python编程项目案例实战：微课视频版/张坤，张应博编著. —北京：清华大学出版社，2021.8
(2024.2重印)

21世纪高等学校计算机类课程创新系列教材・微课版

ISBN 978-7-302-58562-6

Ⅰ. ①P… Ⅱ. ①张… ②张… Ⅲ. ①软件工具－程序设计－高等学校－教材 Ⅳ. ①TP311.561

中国版本图书馆CIP数据核字(2021)第132324号

责任编辑：陈景辉　张爱华
封面设计：刘　键
责任校对：徐俊伟
责任印制：宋　林

出版发行：清华大学出版社
网　　址：https://www.tup.com.cn, https://www.wqxuetang.com
地　　址：北京清华大学学研大厦A座　　**邮　　编**：100084
社 总 机：010-83470000　　**邮　　购**：010-62786544
投稿与读者服务：010-62776969，c-service@tup.tsinghua.edu.cn
质量反馈：010-62772015，zhiliang@tup.tsinghua.edu.cn
课件下载：https://www.tup.com.cn，010-83470236

印 装 者：三河市君旺印务有限公司
经　　销：全国新华书店
开　　本：185mm×260mm　　**印　　张**：11.75　　**字　　数**：294千字
版　　次：2021年8月第1版　　**印　　次**：2024年2月第4次印刷
印　　数：3501～4500
定　　价：39.90元

产品编号：091745-01

前　言

党的二十大报告强调“必须坚持科技是第一生产力、人才是第一资源、创新是第一动力，深入实施科教兴国战略、人才强国战略、创新驱动发展战略，开辟发展新领域新赛道，不断塑造发展新动能新优势”。

在大数据和人工智能时代，Python因其功能强大且易于学习而逐渐成为当前的主流编程语言之一，其应用领域也越来越广泛。使用Python编写的程序可以在Windows、MacOS、Linux等平台上运行。

本书主要内容

全书分为Python基础和Python实战两篇，共有14章。第一篇是Python基础，内容涵盖了Python入门、基本数据类型与表达式、语句与结构化程序设计、组合数据类型与字符串、函数、文件处理、异常处理、面向对象程序设计；第二篇是Python实战，内容涵盖了数据库编程、网页爬取、数据可视化、Python图形化界面设计、Python网络编程和Python实践综合案例。

本书特点

本书目标明确，是为初学者量身定做的Python教程，包含如下特点。

(1) 内容由浅入深、简洁明了，适合初学者阅读。

(2) 实践性强。采用基础理论与实战案例相结合的方式，便于读者理解与掌握。

(2) 分层次设计习题内容，既有基础题，又有提高题，供不同水平的读者练习。

配套资源

为便于教学，本书配有100分钟微课视频、源代码、教学课件、教学大纲、教学日历、习题题库。

(1) 获取教学视频方式：读者可以先扫描本书封底的文泉云盘防盗码，再扫描书中相应的视频二维码，观看教学视频。

(2) 获取源代码方式：先扫描本书封底的文泉云盘防盗码，再扫描下方二维码，即可获取。

源代码

(3) 可以扫描本书封底的“书圈”二维码下载其他配套资源。

读者对象

本书是一本针对 Python 爱好者而编写的基础教程,尤其适用于高等院校的师生。

本书的编写参考了同类书籍,在此向有关作者表示衷心的感谢。

由于编者水平有限,书中难免有疏漏之处,恳请广大读者给予批评指正。

作　者

2021 年 8 月

目　　录

第一篇　Python 基础

第二篇 Python 实战

第一篇 Python基础

第1章 Python入门

1.1 学习要求

（1）了解Python的基本编程环境，熟悉其主要组成部分和应用。

（2）学习执行Python命令和脚本文件的方法。

1.2 知识要点

随着大数据和人工智能的兴起，Python语言变得越来越流行。Python是一款易于学习且功能强大的开放源代码的编程语言，可以快速地帮助人们完成各种编程任务，并且能够把用其他语言制作的各种模块，轻松地联结在一起。使用Python编写的程序可以在大部分平台上顺利运行。

Python本义是指“蟒蛇”。1989年，荷兰人Guido van Rossum为了打发圣诞节的无趣，决定开发一个新的脚本解释程序，于是便诞生了一种面向对象的解释型高级编程语言，被命名为Python，其标记如图1-1所示。

图1-1 Python标记

1.2.1 Python的特性

Python具有以下9个特性。

（1）简单易学。

（2）Python是开源的、免费的。

（3）Python是高级语言。

（4）高可移植性。

（5）Python是解释型语言。

（6）Python全面支持面向对象的程序设计思想。

（7）高可扩展性。

（8）支持嵌入式编程。

（9）有功能强大的开发库。

视频讲解

1.2.2 Python的应用

Python是一种充满活力和发展前景的语言，具体有以下6个方面的应用。

1. 科学计算

对于数学物理计算,Python 有诸如 SciPy、NumPy 等计算库,而且 Python 本身也支持高精度计算,对于处理数据是非常方便的。

2. 自动控制

Python 可以用于自动控制。例如,在物联网开发中,Python 可以借助 Pyserial 直接对物联网硬件的串口进行操作,进而替代 C++完成较复杂的业务,省去大量的开发时间。

3. 系统集成

Python 与多种其他语言有接口,所以可以轻松地调用其他语言写好的库。对于一个由多种语言编写的系统,Python 可以方便地将其整合。

4. 网络爬虫

结合 Requests、BeautifulSoup、PyQuery、Selenium,Python 可以做出优秀的网络爬虫,也可以用于模拟用户操作浏览器,实现自动化测试。

5. 机器学习

知名的机器学习框架 Caffe、Torch、TensorFlow、Theano 都由 Python 封装,其中 TensorFlow 和 Theano 还有一个优秀的 Python 封装叫 Keras。现在大量的机器学习项目都是使用 Python 作为胶水语言,或者直接用 Python 去训练神经网络,所以如果想要加入深度学习行业,Python 是必须要掌握的。

6. 网站建设

Python 也常常用来开发网站,例如,知乎和豆瓣的后端处理程序都曾经是用 Python 完成的。

1.2.3 Python 的安装与运行

早期的 Python 版本在基础设计方面存在着一些不足之处。2008 年,Guido van Rossum 又重新开发了 Python 3.0(被称为 Python 3000,或简称 Py3k),Python 3.0 以后版本不再向 Python 2 进行兼容,建议直接下载 Python 3.0 以后的版本。

1. 进入 Python 官方网站下载安装包

首先打开浏览器,访问 Python 的官方网站 https://www.python.org/,如图 1-2 所示。单击导航栏的 Downloads 会自动识别 Windows 系统。下面以 Python 3.9 的安装为例。

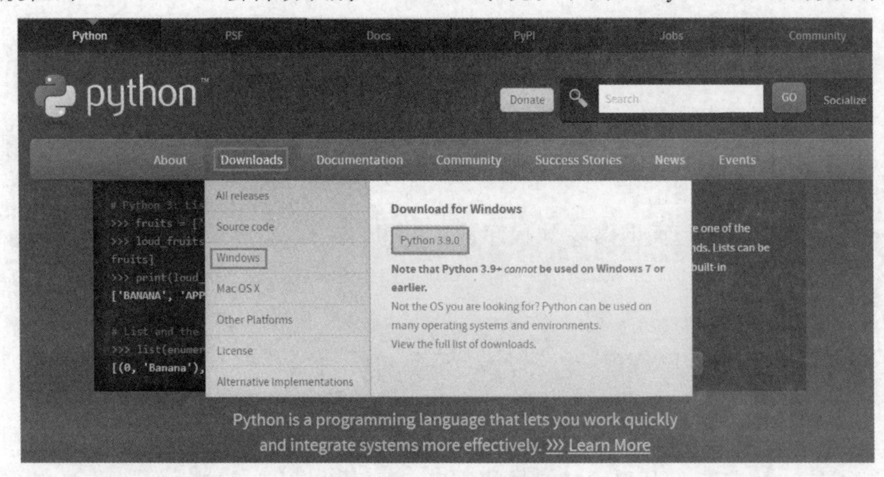

图 1-2 Python 官方网站

如果想下载其他版本的安装包，选择 Downloads →Windows 选项，下载需要的版本安装包。下载 Python 安装包如图 1-3 所示。

图 1-3　下载 Python 安装包

2. 将 Python 安装到 Windows 操作系统上

根据 Windows 系统需求进行安装。双击下载的安装包，这里安装的是 64 位系统的可执行安装包，所以显示为 Install Python3.9.0(64-bit)。下面以自定义安装为例。

注意，选中 Add Python 3.9 to PATH 复选框，如图 1-4 所示，把 Python 添加到环境变量，这样以后在 Windows 命令提示符下也可以运行 Python。

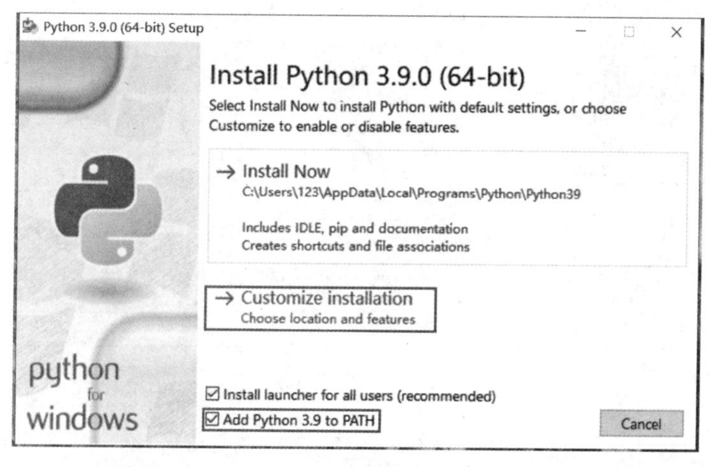

图 1-4　安装界面

如果没有特殊需求，就选中所有复选框，如图 1-5 所示，单击 Next 按钮，进入下一步。

选中 Install for all users 复选框，同时安装目录可以改变。根据自己的需求修改安装路径，完成后单击 Install 按钮，如图 1-6 所示。

安装过程如图 1-7 所示，直到出现图 1-8 所示的界面，就说明安装完成。

3. Python 的运行

1) 命令行方式

官方自带工具 IDLE 提供了命令行的运行方式。使用 Python 语言编写的 Hello 程序只有一行代码：

```
>>> print("Hello World")
Hello World
```

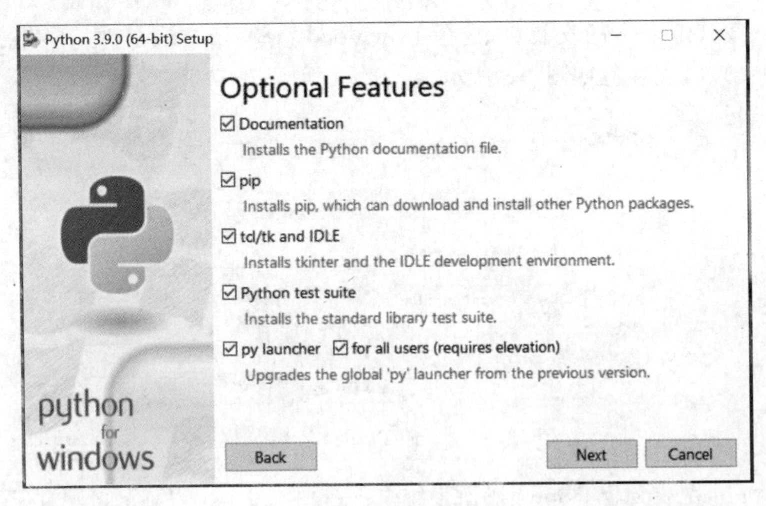

图 1-5　安装选项

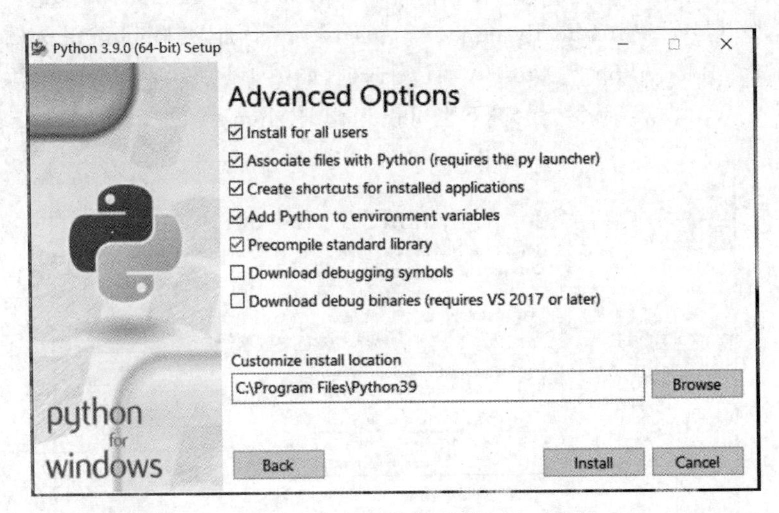

图 1-6　安装目录

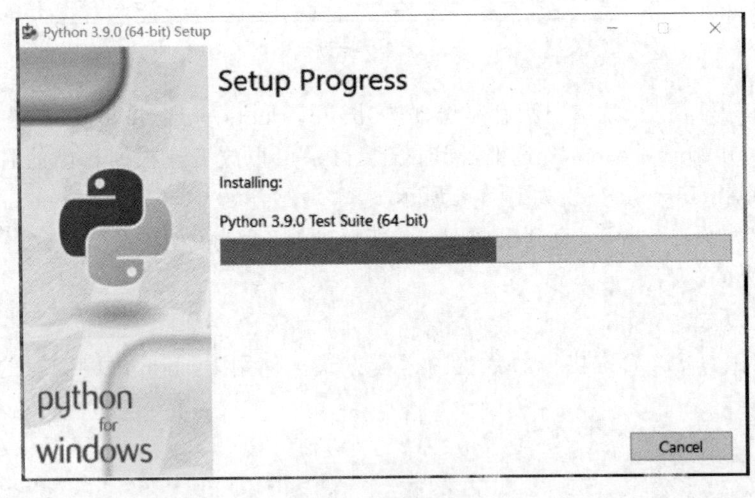

图 1-7　安装过程

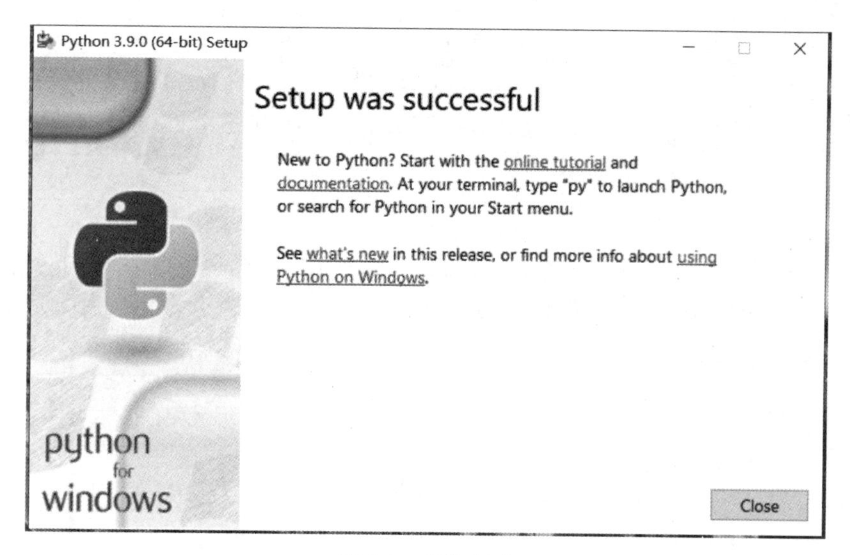

图 1-8　安装完成

第一行的“>>>”是 Python 语言运行环境的提示符。

第二行是 Python 语句的运行结果。

2）程序文件方式

程序文件如图 1-9 所示。

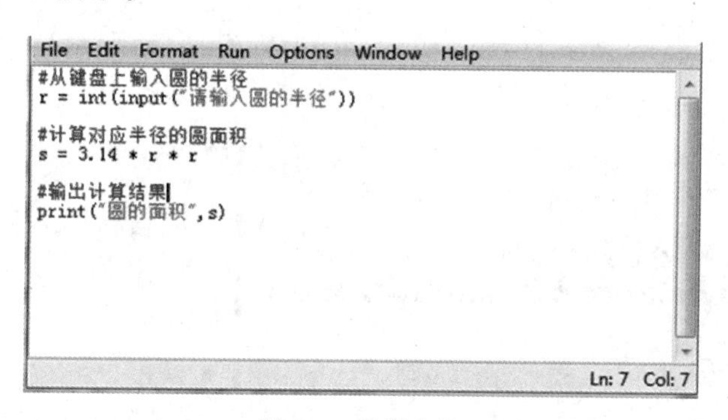

图 1-9　程序文件

在图 1-9 的 IDLE 界面中选择 File→New File 选项，打开程序编辑窗口，输入若干条语句，形成一个 Python 程序。注意，“#”以后的内容是代码的注释部分。

选择 File→Save 选项，给定文件名并指定存储位置后，将程序存盘。Python 源程序文件的默认扩展名是 .py。

选择 Run→Run Module 选项（或者按 F5 快捷键）运行程序，将在一个标记为 Python Shell 的窗口中显示运行结果。

开发一个 Python 程序必须遵循如下基本原则。

(1) Python 程序中一行就是一条语句，语句结束不需要使用分号。

(2) Python 采用缩进格式标记一组语句，缩进量相同的是同一组语句，也称为程序段。

(3) 一条语句也可以分多行书写，用反斜杠(\)表示续行。

(4) 单行注释用“#”开头，多行注释用 3 个单引号或 3 个双引号将注释括起来。

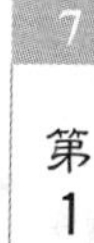

例如：

```
'''
这是多行注释,用 3 个单引号
这是多行注释,用 3 个单引号
这是多行注释,用 3 个单引号
'''
```

除了直接执行脚本,很多时候还需要调试程序,IDLE 同样提供了调试的功能。在第 2 行上右击,在弹出的快捷菜单中选择 Set Breakpoint 选项设置断点,如图 1-10 所示。

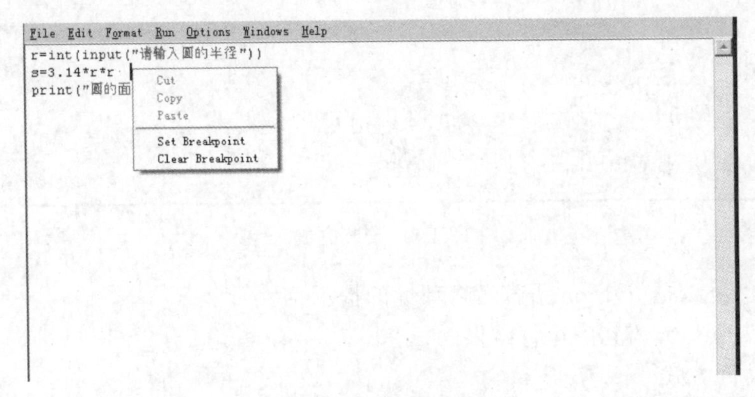

图 1-10　设置断点

然后在 IDLE 主窗口选择 Debug→Debugger 选项,启动调试器,再选择 Run→Run Module 选项,运行脚本,这时程序很快就会停在有断点的一行,如图 1-11 所示。

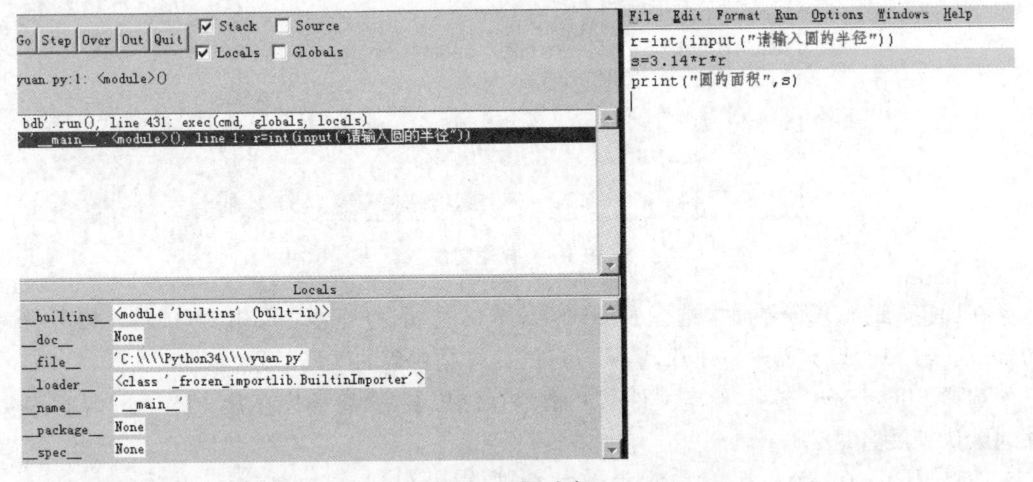

图 1-11　调试窗口

输入半径,执行到第 2 行停止,可以在 Debug 窗口中单击 Go 按钮继续执行,也可以查看调用堆栈,还可以查看各种变量数值等。如果代码变长、变复杂,这样调试就是一种非常重要的排除程序问题的方法。

总体来看,IDLE 基本提供了一个 IDE 应该有的功能,但是其项目管理能力几乎没有,比较适合单文件的简单脚本开发。

1.2.4 PyCharm 社区版

如果说 IDLE 是一把“小刀”，那么 PyCharm 就是 IDE 中的“瑞士军刀”。

PyCharm 是一款由 JetBrains 开发的优秀 IDE，分为专业版、社区版等版本。PyCharm 可以自动补全变量和函数，提示语法错误和潜在的问题，并且严格按照 PEP8 纠正编码习惯，同时也有内置的交互式解释器。使用 PyCharm 可以大幅提高开发效率，并且其内置的 Git 等工具也可以对项目进行有效的管理。

1. PyCharm 的安装

社区版是免费的，有无编程基础都适合使用，对初学者友好。进入官方网站 http://www.jetbrains.com/pycharm/download/#section=windows，然后单击社区版的 DOWNLOAD 按钮下载，如图 1-12 所示。

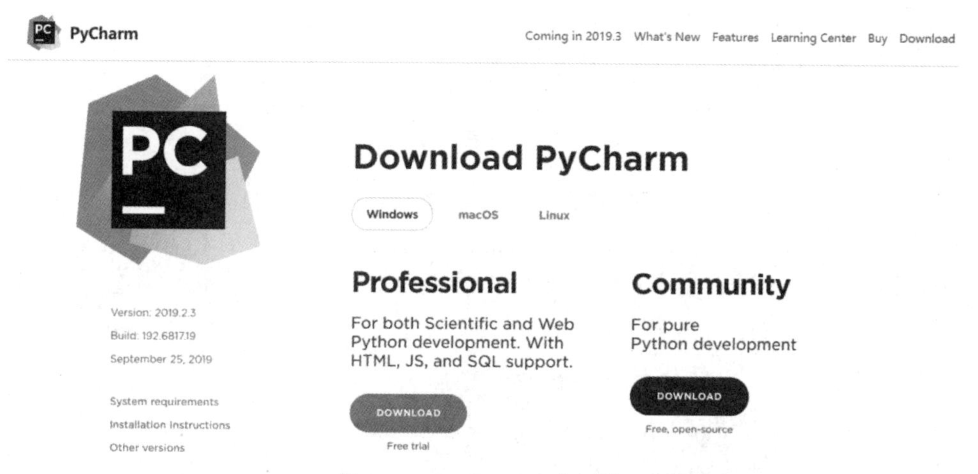

图 1-12 PyCharm 官方网站

Professional 表示专业版，Community 表示社区版。将社区版下载到本地，双击下载的安装包进行安装，安装界面如图 1-13 所示。在此界面中单击 Next 按钮。

图 1-13 安装界面

此时需选择安装路径。安装 PyCharm 需要较大的硬盘空间,建议将其安装在 D 盘或 E 盘,不建议放在系统盘 C 盘。完成后单击 Next 按钮,如图 1-14 所示。

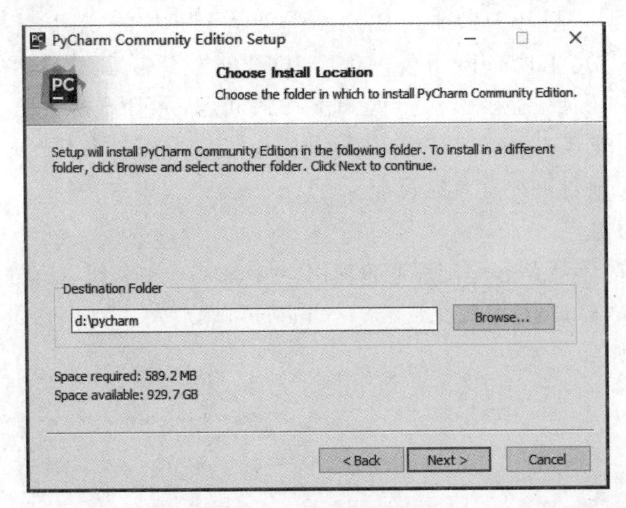

图 1-14　选择安装路径

Create Desktop Shortcut 即创建桌面快捷方式,编者的计算机是 64 位系统,所以选择 64 位。在 Create Associations 区域设置是否关联文件,选中. py 复选框,则以后. py 文件就会用 PyCharm 打开。单击 Next 按钮,如图 1-15 所示。

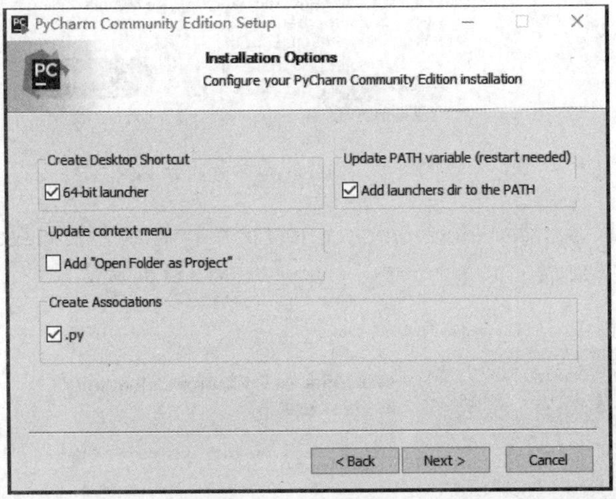

图 1-15　安装选项

开始安装 PyCharm 社区版,保持默认安装即可,如图 1-16 所示,直接单击 Install 按钮。

启动 PyCharm 界面,如图 1-17 所示。单击 Create New Project 选项,打开如图 1-18 所示的新建项目界面。Location 是存放项目的路径,单击 Project Interpreter 前面的三角符号,可以看到 PyCharm 能够自动获取已安装的 Python 版本。编者安装 PyCharm 时,Python 是 3. 6 版,后来又将 Python 版本升级到了 3. 9 版。

PyCharm 工作窗口如图 1-19 所示,选择 File→New→Python File 选项,新建一个 Python 文件,在. py 文件编辑窗口中右击,在弹出的快捷菜单中选择 run 选项,运行该程序。

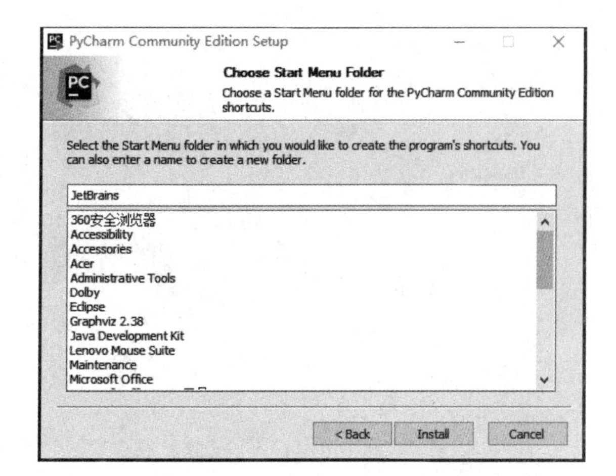

图 1-16　开始安装 PyCharm 社区版

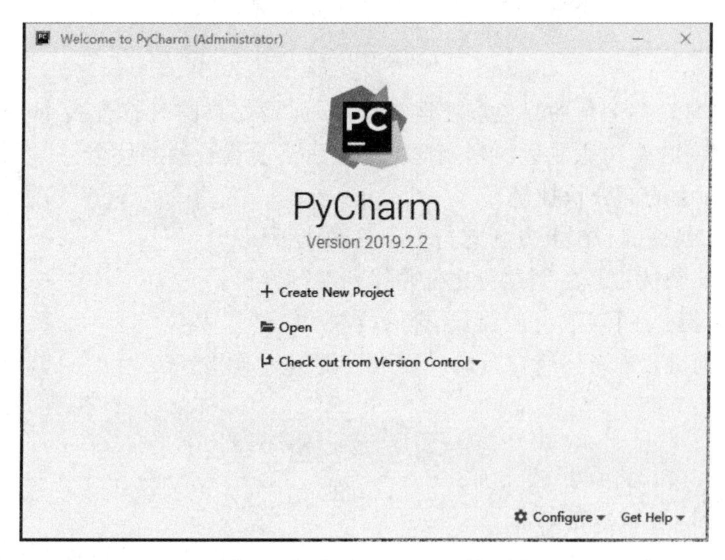

图 1-17　启动 PyCharm 界面

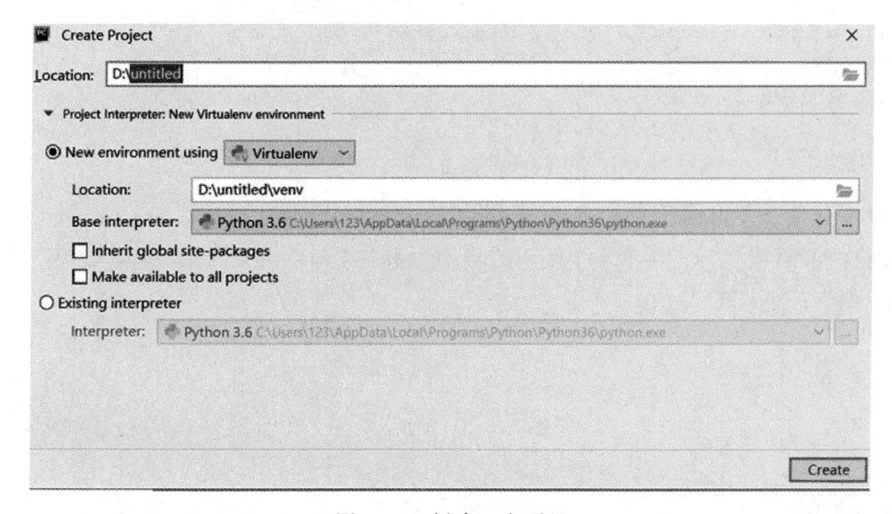

图 1-18　创建一个项目

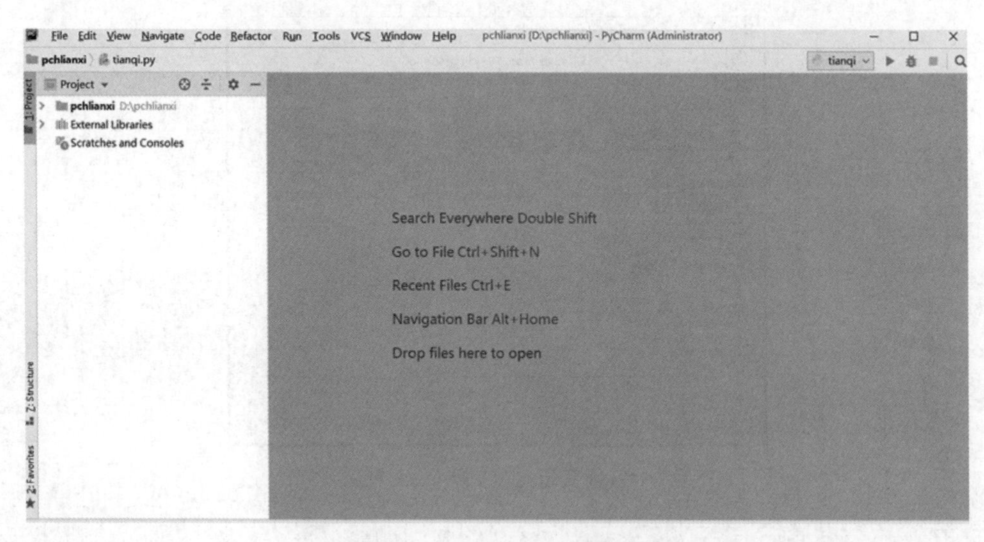

图 1-19 PyCharm 工作窗口

也可以选择工作窗口右上角的绿色按钮运行程序,但是如果同时打开多个 Python 文件,用这种方式运行程序时要注意左边的列表框中会显示当前运行的文件名。

2. PyCharm 中的部分快捷键

Ctrl+Enter 快捷键:在下方新建行但不移动光标。

Shift+Enter 快捷键:在下方新建行并移到新行行首。

Ctrl+/快捷键:注释(取消注释)选择的行。

Ctrl+D 快捷键:对光标所在行的代码进行复制。

习　　题

1. 编写一个猜年龄的小游戏。
2. 编写程序,输入<人名 1>和<人名 2>,在屏幕上显示如下新年贺卡:

```
##########################################
# 新年贺卡
# 人名 1、人名 2 新年快乐!
# 2020
##########################################
```

3. 输入直角三角形两直角边 a,b,求斜边 c 并输出(提示:from math import *)。
4. 编写程序,输入球的半径,计算球的表面积和体积,半径为实数,结果输出为浮点数,共 10 位,保留 2 位小数。

第2章　基本数据类型与表达式

2.1 学习要求

（1）了解 Python 语言的基本语法和编码规范。

（2）掌握 Python 语言的数据类型、常量、变量、运算符、表达式和常用语句等基础知识。

2.2 知识要点

在程序设计语言中，都采用数据类型来描述程序中的数据结构、数据的表示范围和数据在内存中的存储分配等。Python 的数据类型如图 2-1 所示。

Python 的数据类型与 C 语言不同。C 语言中数据类型需要在程序编译开始时就声明变量的类型。像 C 语言这样在编译期间就确定数据类型，要求在使用任一变量之前声明其数据类型的语言叫作静态类型语言，Java 也如此。

而 Python 则是一种动态类型语言，这种类型的语言确定变量的数据类型是在给变量赋值的时候，因此在 Python 中使用变量时不用像 C 语言先声明数据类型，可直接使用。

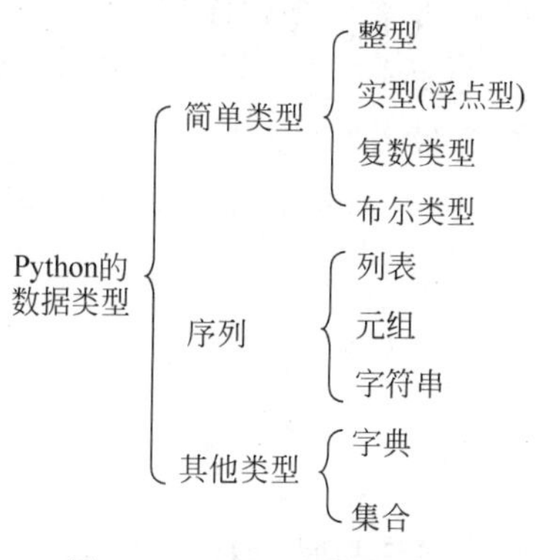

图 2-1　Python 的数据类型

2.2.1 简单类型

1. 整型

整型通常被称为整数，可以是正整数或负整数，不带小数点。Python 3 中整型是没有限制大小的，可以当作 long 类型使用，但实际上由于机器内存有限，使用的整数是不可能无限大的。

1）整型的 4 种表现形式

二进制：以 0b 开头。例如：0b11011 表示十进制的 27。

八进制：以 0o 开头。例如：0o33 表示十进制的 27。

十进制：正常显示。

十六进制：以 0x 开头。例如：0x1b 表示十进制的 27。

2) 各进制间数字的转换(内置函数)

bin(i): 将 i 转换为二进制,以 0b 开头。

oct(i): 将 i 转换为八进制,以 0o 开头。

int(i): 将 i 转换为十进制,正常显示。

hex(i): 将 i 转换为十六进制,以 0x 开头。

2. 实型(浮点型)

浮点型由整数部分与小数部分组成,浮点型也可以使用科学记数法表示(2.5e2=250)。

3. 复数类型

复数由实数部分和虚数部分构成,可以用 a+bj 或者 complex(a,b)表示,复数的实部 a 和虚部 b 都是浮点型。

4. 布尔类型

所有标准对象均可用于布尔测试,同类型的对象之间可以比较大小。每个对象天生具有布尔值 True 或 False。空对象、None 的布尔值都是 False。在 Python 3 中 True=1,False=0,可以和数字型进行运算。

下列对象的布尔值是 False: None; False; 0(整型),0.0(浮点型); 0L(长整型); 0.0+0.0j(复数); " "(空字符串); [](空列表); ()(空元组); {}(空字典)。

用户创建的类实例如果定义了 nonzero()或 length()且值为 0,那么它们的布尔值就是 False。

5. 数值类型转换

上面介绍了 Python 的内置简单类型,但是在处理数据时往往不是一成不变的,那么怎么把一种类型转换为另一种类型呢?

在 Python 中,简单类型的转换很容易完成,只要把想转换的类型当作函数使用就行了,例如:

```
>>> a = 12345.6789
>>> int(a)                          # 转换为整型
12345
>>> complex(a)                      # 转换为复数类型
(12345.6789 + 0j)
>>> float(a)                        # 本身就是浮点数,再转换不会有变化
12345.6789
```

需要注意的是,Python 在类型转换的过程中为了避免精度损失会自动升级。例如,对于整型的运算,如果出现浮点数,那么计算的结果会自动升级为浮点数。这里升级的顺序为 complex > float > int,所以在 Python 中计算的时候与人们平时的直觉是完全一致的。例如:

```
>>> 1 + 9/5 + (1 + 2j)
(3.8 + 2j)
>>> 1 + 9/5
2.8
```

可以看出,计算结果是逐步升级的,这样就避免了无谓的精度损失。

2.2.2 数学常量和常用函数

数学常量如表 2-1 所示。

表 2-1 数学常量

常量	描述
pi	数学常量 pi 为圆周率,一般以 π 来表示
e	数学常量 e,e 即自然常数

数学函数如表 2-2 所示。

表 2-2 数学函数

函数	返回值(描述)
abs(x)	返回数字的绝对值,如 abs(-10)返回 10
ceil(x)	返回数字的上入整数,如 math.ceil(4.1)返回 5
exp(x)	返回 e 的 x 次幂(e^x),如 math.exp(1)返回 2.718281828459045
fabs(x)	返回数字的绝对值,如 math.fabs(-10)返回 10.0
floor(x)	返回数字的下舍整数,如 math.floor(4.9)返回 4
fsum(iterable)	对迭代器中的每个元素进行求和操作
log(x)	如 math.log(math.e)返回 1.0,math.log(100,10)返回 2.0
log10(x)	返回以 10 为基数的 x 的对数,如 math.log10(100)返回 2.0
max(x1,x2,…)	返回给定参数的最大值,参数可以为序列
min(x1,x2,…)	返回给定参数的最小值,参数可以为序列
modf(x)	返回 x 的小数部分和整数部分。这两个结果都带有 x 的符号且是浮点数。例如,math.modf(123.45)的结果为(0.45000000000000284, 123.0)
pow(x,y)	x ** y 运算后的值
round(x [,n])	返回浮点数 x 的四舍五入值,若给出 n 值,则代表舍入到小数点后的位数
sqrt(x)	返回数字 x 的平方根

随机数函数如表 2-3 所示。

表 2-3 随机数函数

函数	返回值(描述)
choice(seq)	从序列的元素中随机挑选一个元素,例如 random.choice(range(10)),表示从 0 到 9 中随机挑选一个整数
randrange ([start,] stop [,step])	在指定范围内从指定基数递增的集合中获取一个随机数,基数默认值为 1。start 指定范围内的开始值,包含在范围内;stop 指定范围内的结束值,不包含在范围内;step 指定递增基数
random()	随机生成一个实数,它在[0,1)范围内
randint(x,y)	随机生成一个 int 类型整数,可以指定这个整数的范围为[x, y]
seed([x])	改变随机数生成器的种子 seed。如果不了解其原理,不必特别去设定 seed,Python 会帮你选择 seed
shuffle(lst)	将序列的所有元素随机排序
uniform(x, y)	随机生成一个实数,它在 x~y 范围内

三角函数如表2-4所示。

表2-4 三角函数

函 数	返回值(描述)
acos(x)	返回x的反余弦弧度值
asin(x)	返回x的反正弦弧度值
atan(x)	返回x的反正切弧度值
atan2(y, x)	返回atan(y/x)的弧度值,原点到点(x, y)的向量与正x轴决定了这个角。例如:atan2(−1,−1)是−3*π/4
cos(x)	返回x的弧度的余弦值
hypot(x, y)	返回欧几里得范数sqrt(x*x+y*y)
sin(x)	返回x弧度的正弦值
tan(x)	返回x弧度的正切值
degrees(x)	将弧度转换为角度,如degrees(math.pi/2)返回90.0
radians(x)	将角度转换为弧度

2.2.3 变量和运算符

1. 变量

在Python中,声明变量是非常简单的事情,如果变量的名称之前没有被声明过,只需直接赋值就可以了。

```
>>> a = 1             # 声明一个变量a并且赋值为整型1
>>> a = 2.4           # 赋值为浮点型
>>> a = 2 + 7j        # 赋值为复数类型
>>> a = True          # 赋值为布尔类型
```

可以看出,a的类型是在不断变化的,这也是Python的特点之一,即变量的类型可以随着赋值而改变。

变量的名称叫标识符,必须由字母、数字、下画线构成;不能以数字开头;不能是Python关键字。

2. 运算符

(1) 算术操作符。

假设变量a为10,变量b为21,算术操作符如表2-5所示。

表2-5 算术操作符

运算符	描 述	实 例
+	加:两个对象相加	a+b输出结果为31
−	减:得到负数或是一个数减去另一个数	a−b输出结果为−11
*	乘:两个数相乘或者返回一个被重复若干次的字符串	a*b输出结果为210
/	除:x除以y	b/a输出结果为2.1
%	取模:返回除法的余数	b%a输出结果为1
**	幂:返回x的y次幂	a**b为10的21次方
//	取整除:返回商的整数部分(向下取整)	>>> 9//2 4 >>>−9.0//2 −5.0

(2) 比较操作符。

假设变量 a 为 10,变量 b 为 21,比较操作符如表 2-6 所示。

表 2-6　比较操作符

运算符	描　　述	实　　例
==	等于：比较对象是否相等	(a==b)返回 False
!=	不等于：比较两个对象是否不相等	(a!=b)返回 True
>	大于：返回 x 是否大于 y	(a>b)返回 False
<	小于：返回 x 是否小于 y。所有比较运算符返回 1 表示真,返回 0 表示假。这分别与特殊的变量 True 和 False 等价。注意,True 和 False 的首字母必须大写	(a<b)返回 True
>=	大于或等于：返回 x 是否大于或等于 y	(a>=b)返回 False
<=	小于等于：返回 x 是否小于等于 y	(a<=b)返回 True

(3) 赋值操作符。

赋值操作符如表 2-7 所示。

表 2-7　赋值操作符

运算符	描　　述	实　　例
=	简单的赋值运算符	c=a+b 表示将 a+b 的运算结果赋值为 c
+=	加法赋值运算符	c+=a 等效于 c=c+a
-=	减法赋值运算符	c-=a 等效于 c=c-a
*=	乘法赋值运算符	c*=a 等效于 c=c*a
/=	除法赋值运算符	c/=a 等效于 c=c/a
%=	取模赋值运算符	c%=a 等效于 c=c%a
**=	幂赋值运算符	c**=a 等效于 c=c**a
//=	取整除赋值运算符	c//=a 等效于 c=c//a

(4) 按位操作符。

假设 a=0011 1100(十进制数 60),b=0000 1101(十进制数 13),按位操作符如表 2-8 所示。

表 2-8　按位操作符

运算符	描　　述	实　　例
&	按位与运算符：参与运算的两个值,如果两个相应位都为 1,则该位的结果为 1,否则为 0	(a&b)输出结果为 12,二进制解释：00001100
|	按位或运算符：只要对应的两个二进位有一个为 1 时,结果位就为 1	(a|b)输出结果为 61,二进制解释：0011 1101
^	按位异或运算符：当两个对应的二进位相异时,结果为 1	(a^b)输出结果为 49,二进制解释：0011 0001
～	按位取反运算符：对数据的每个二进制位取反,即把 1 变为 0,把 0 变为 1	(～a)输出结果为 -61,二进制解释：11000011
<<	左移动运算符：运算数的各二进位全部左移若干位,由<<右边的数指定移动的位数,高位丢弃,低位补 0	a << 2 输出结果为 240。二进制解释：1111 0000
>>	右移动运算符：用来把操作数的各个二进制位全部右移若干位,低位丢弃,高位补 0 或 1。如果数据的最高位是 0,那么就补 0；如果最高位是 1,那么就补 1	a >> 2 输出结果为 15,二进制解释：0000 1111

(5) 逻辑操作符。

假设变量 a 为 10,b 为 20,逻辑操作符如表 2-9 所示。

表 2-9 逻辑操作符

运算符	逻辑表达式	描述	实例
and	x and y	布尔"与":如果 x 为 False,则 x and y 返回 False,否则返回 y 的计算值	(a and b)返回 20
or	x or y	布尔"或":如果 x 是 True,则返回 x 的值,否则返回 y 的计算值	(a or b)返回 10
not	not x	布尔"非":如果 x 为 True,则返回 False;如果 x 为 False,则返回 True	not(a and b)返回 False

(6) 成员操作符。

假设 a=10,c=50,b=[10,20,30,40],成员操作符如表 2-10 所示。

表 2-10 成员操作符

运算符	描述	实例
in	如果在指定的序列中找到值返回 True,否则返回 False	a in b 返回 True
not in	如果在指定的序列中没有找到值返回 True,否则返回 False	c not in b 返回 True

(7) 身份操作符。

身份操作符如表 2-11 所示。

表 2-11 身份操作符

运算符	描述	实例
is	判断两个标识符是不是引用自一个对象	x is y,类似 id(x)==id(y),如果引用的是同一个对象,则返回 True,否则返回 False。其中,id()函数用于获取对象内存地址
is not	判断两个标识符是不是引用自不同对象	x is not y,类似 id(a)!=id(b)。如果引用的不是同一个对象,则返回 True,否则返回 False

(8) 运算符优先级。

运算符优先级(从高到低)如表 2-12 所示。

表 2-12 运算符优先级

运算符	描述
**	指数(最高优先级)
~、+、-	按位取反、+(正号)、-(负号)
*、/、%、//	乘、除、取模和取整除
+、-	加法、减法
>>、<<	右移、左移运算符
&	位的"与"操作
^、|	位的"异或"和"或"操作

续表

运 算 符	描 述
<=、<、>、>=	比较运算符
==、<>、!=	等于、不等于运算符
=、%=、/=、//=、-=、+=、*=、**=	赋值运算符
is、is not	身份运算符
in、not in	成员运算符
not、and、or	逻辑运算符的"非""与""或"

2.2.4 输入输出语句

1. input ()函数

语法格式：变量 = input("提示信息")

功能：从键盘输入数据并赋给变量，系统把用户的输入看作是字符串。例如：

```
>>> name = input("请输入姓名：")
>>> age = input("请输入年龄：")
```

2. print ()函数

语法格式：print(对象 1,对象 2,...[,sep = ' '][,end = '\n'][,file = sys.stdout])

功能：依次输出 n 个表达式的值，表达式的值可以是整数、实数和字符串，也可以是一个动作控制符。

注意，书写程序时，除了引号中的内容可以在中文状态下输入，所有其他符号(包括引号本身)都必须在英文状态下输入。可以指定输出对象间的分隔符、结束标志符，输出文件。如果省略这些，分隔符是空格，结束标志符是换行，输出目标是显示器。例如：

```
>>> print(1,2,3,sep = '***',end = '\n')
1***2***3
>>> print(1,2,3)
1 2 3
```

在默认情况下，print()函数输出之后总会换行，这是因为 print()函数的 end 参数的默认值是"\n"，这个"\n"就代表了换行。如果希望 print()函数输出之后不会换行，则重设 end 参数即可。例如：

```
# 设置 end 参数，指定输出之后不再换行
>>> print(40,'\t',end = "")
>>> print(50,'\t',end = "")
>>> print(60,'\t',end = "")
```

上面 3 条 print()语句会执行 3 次输出，但由于它们都指定了 end="",因此每条 print()语句的输出都不会换行，依然位于同一行。运行上面代码，可以看到如下输出结果：

```
40  50  60
```

file 参数指定 print()函数的输出目标,file 参数的默认值为 sys. stdout,该默认值代表了系统标准输出,也就是屏幕,因此 print()函数默认输出到屏幕。实际上,完全可以通过改变该参数让 print()函数输出到特定文件中,例如:

```
>>> f = open("demo.txt","w")              # 打开文件以便写入
>>> print('沧海月明珠有泪',file = f)
>>> print('蓝田日暖玉生烟',file = f)
>>> f.close()
```

上面程序中,open()函数用于打开 demo. txt 文件,接连 2 个 print()函数会将这 2 段字符串依次写入此文件,最后调用 close()函数关闭文件,后续章节还会详细介绍关于文件操作的内容。

Python 提供了"%"对各种类型的数据进行格式化输出,例如:

```
>>> price = 108
>>> print ("the book's price is %s" % price)
```

上面程序中的 print()函数包含以下 3 个部分:第 1 部分是格式化字符串(相当于字符串模板),该格式化字符串中包含一个"%s"占位符,它会被第 3 部分的变量或表达式的值代替;第 2 部分固定使用"%"作为分隔符。

格式化字符串中的"%s"被称为转换说明符(conversion specifier),其作用相当于一个占位符,它会被后面的变量或表达式的值代替。"%s"指定将变量或值使用 str()函数转换为字符串。

如果格式化字符串中包含多个"%s"占位符,第 3 部分也应该对应地提供多个变量,并且使用圆括号将这些变量括起来。例如:

```
>>> user = "Charli"
>>> age = 8
# 格式化字符串有 2 个占位符,第 3 部分提供 2 个变量
>>> print("%s is a %s years old boy" % (user , age))
```

在格式化字符串中难道只能使用"%s"吗?还有其他转换说明符吗?如果只有"%s"这一种形式,Python 的格式化功能未免也太单一了。实际上,Python 提供了如表 2-13 所示的转换说明符。

表 2-13 Python 转换说明符

转换说明符	说 明
%d,%i	转换为带符号的十进制形式的整数
%o	转换为带符号的八进制形式的整数
%x,%X	转换为带符号的十六进制形式的整数
%e	转换为科学记数法表示的浮点数(e 小写)
%E	转换为科学记数法表示的浮点数(E 大写)
%f,%F	转换为十进制形式的浮点数
%g	智能选择使用%f 或%e 格式

续表

转换说明符	说　　明
%G	智能选择使用%F或%E格式
%c	格式化字符及其ASCII码
%r	使用repr()将变量或表达式转换为字符串
%s	使用str()将变量或表达式转换为字符串

当使用上面的转换说明符时,可指定转换后的最小宽度,例如:

```
>>> num = -28
>>> print("num is: %6i" % num)
>>> print("num is: %6d" % num)
>>> print("num is: %6o" % num)
>>> print("num is: %6x" % num)
>>> print("num is: %6X" % num)
>>> print("num is: %6s" % num)
```

运行上面代码,可以看到如下输出结果:

```
num is:    -28
num is:    -28
num is:    -34
num is:    -1c
num is:    -1C
num is:    -28
```

从上面的输出结果可以看出,此时指定了字符串的最小宽度为6,因此程序转换数值时总宽度为6,程序自动在数值前面补充了3个空格。

在默认情况下,转换出来的字符串总是右对齐,不够宽度时在左边补充空格。Python也允许在最小宽度之前添加一个标志来改变这种行为,Python支持如下标志。

-:指定左对齐。

+:表示数值总要带着符号(正数带"+",负数带"-")。

0:表示不补充空格,而是补充0。

提示:这3个标志可以同时存在。例如:

```
>>> num2 = 30
# 最小宽度为6,左边补0
>>> print("num2 is: %06d" % num2)
# 最小宽度为6,在左边补0,总带上符号
>>> print("num2 is: %+06d" % num2)
# 最小宽度为6,左对齐
>>> print("num2 is: %-6d" % num2)
```

运行上面代码,可以看到如下输出结果:

```
num2 is: 000030
num2 is: +00030
num2 is: 30
```

对于转换浮点数,Python 还允许指定小数点后的数字位数;如果转换的是字符串,Python 允许指定转换后的字符串的最大字符数。这个标志被称为精度值,该精度值被放在最小宽度之后,中间用点(.)隔开。例如:

```
>>> my_value = 3.001415926535
# 最小宽度为 8,小数点后保留 3 位
>>> print("my_value is: %8.3f" % my_value)
# 最小宽度为 8,小数点后保留 3 位,在左边补 0
>>> print("my_value is: %08.3f" % my_value)
# 最小宽度为 8,小数点后保留 3 位,在左边补 0,始终带符号
>>> print("my_value is: %+08.3f" % my_value)
the_name = "Charlie"
# 只保留 3 个字符
>>> print("the name is: %.3s" % the_name) # 输出 Cha
# 只保留 2 个字符,最小宽度为 10
>>> print("the name is: %10.2s" % the_name)
# 科学记数法保留 2 位小数
>>> print("%.2e"%1.2888)
```

运行上面代码,可以看到如下输出结果:

```
my_value is:    3.001
my_value is: 0003.001
my_value is: +003.001
the name is: Cha
the name is:         Ch
1.29e+00
```

3. 字符串类型格式化

(1) 字符串格式化使用.format()方法,如图 2-2 所示。用法如下:

```
<模板字符串>.format(<逗号分隔的参数>)
```

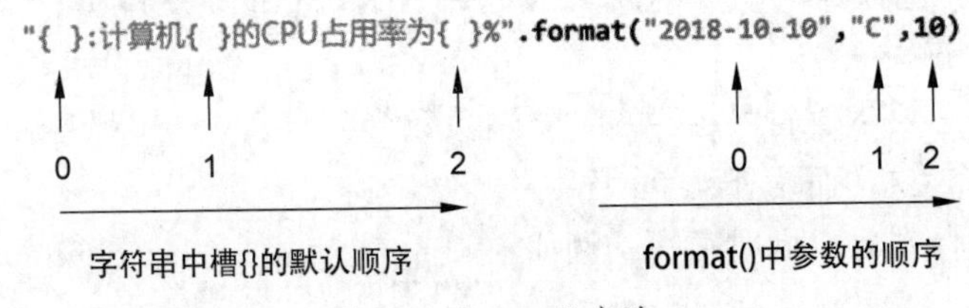

图 2-2 format()方法

(2) 槽是指字符串格式化中的{},参数的顺序也可以自己定义,如图 2-3 所示。

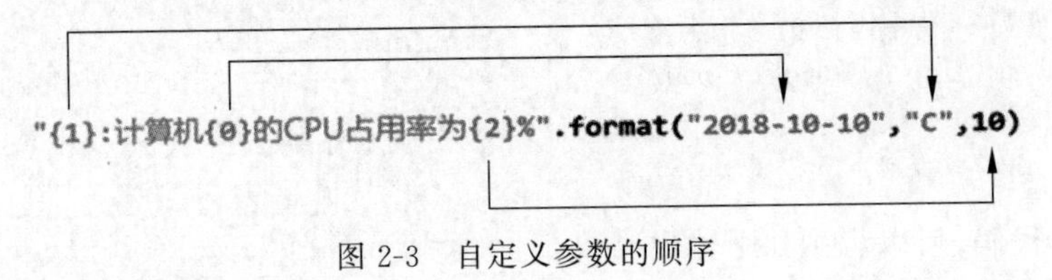

图 2-3 自定义参数的顺序

(3) 槽内部对格式化的配置方式如图 2-4 所示。

```
{ <参数序号>:<格式控制标记>}
```

:	<填充>	<对齐>	<宽度>	<,>	<.精度>	<类型>
引导符号	用于填充的单个字符	< 左对齐 > 右对齐 ^居中对齐	槽设定的输出宽度	数字的千位分隔符	浮点数小数精度或字符串最大输出长度	整数类型： b, c, d, o, x, X 浮点数类型： e, E, f, %

图 2-4　槽内部对格式化的配置方式

例如：

```
>>>"{0: = ^20}".format("PYTHON")
'======= PYTHON ======= '
>>>"{0: * > 20}".format("BIT")
'***************** BIT'
>>>"{:10}".format("BIT")
'BIT       '
>>>"{0:,.2f}".format(12345.6789)
'12,345.68'
>>>"{0:b},{0:c},{0:d},{0:o},{0:x},{0:X}".format(425)
'110101001, Σ,425,651,1a9,1A9'
>>>"{0:e},{0:E},{0:f},{0: % }".format(3.14)
'3.140000e + 00,3.140000E + 00,3.140000,314.000000 % '
```

4. eval ()函数

语法格式：eval(字符串)

功能：将字符串的内容看作一个 Python 表达式，并计算出表达式的值作为函数的结果。例如：

```
>>> eval('6 + 5')              # 单引号字符串
11
>>> eval("7.5 - 9.8")          # 双引号字符串
-2.3000000000000007
>>> eval('''3.14 * 5 * 5''')   # 3 引号字符串
78.5
>>> eval('"Python 程序设计"')  # 把单引号中的内容看作一个字符串
'Python 程序设计'
>>> a,b = 3,5
>>> eval("a * 6 + b")          # 带变量的表达式，变量要先定义
23
>>> eval("x + 6")              # x 没有定义，报错
```

5. 转义字符及用法

所谓转义，可以理解为“采用某些方式暂时取消该字符本来的含义”。这里的“某些方式”指的是在指定字符前添加反斜杠 \，以此来表示对该字符进行转义。

例如，在 Python 中单引号(或双引号)是有特殊作用的，它们常作为字符(或字符串)的标识(只要数据用引号括起来，就认定这是字符或字符串)，而如果字符串中包含引号(例如

'I'm a coder'),为了避免解释器将字符串中的引号误认为是包围字符串的"结束"引号,就需要对字符串中的单引号进行转义,使其在此处取消它本身具有的含义,告诉解释器这就是一个普通字符。

因此,这里需要使用单引号 ' 的转义字符 \',尽管它由 2 个字符组成,但通常将它看作是一个整体,是一个转义字符。已经见过很多类似的转义字符,包括 \'、\"、\\ 等。

Python 不只有以上几个转义字符,Python 中常用的转义字符如表 2-14 所示。

表 2-14　Python 中常用的转义字符

转义字符	说　明
\	在行尾的续行符,即一行未完,转到下一行继续写
\'	单引号
\"	双引号
\0	空
\n	换行符
\r	回车符
\t	水平制表符,用于横向跳到下一制表位
\b	退格(Backspace)
\\	反斜线
\0dd	八进制数,dd 代表字符,如\012 代表换行
\xhh	十六进制数,hh 代表字符,如\x0a 代表换行

掌握了上面的转义字符之后,下面在字符串中使用它们,例如:

```
>>> s = 'Hello\nCharlie\nGood\nMorning'
>>> print(s)
```

运行上面代码,可以看到如下输出结果:

```
Hello
Charlie
Good
Morning
```

也可以使用制表符进行分隔,例如:

```
>>> s2 = '商品名\t\t 单价\t\t 数量\t\t 总价'
>>> s3 = 'Python 小白\t99\t\t2\t\t198'
>>> print(s2)
>>> print(s3)
```

运行上面代码,可以看到如下输出结果:

```
商品名          单价          数量          总价
Python 小白     99            2             198
```

习　题

1. 编写 4 个表达式,分别使用加法、减法、乘法和除法运算,使其结果均为 8。

2. 将你最喜欢的数字存储在一个变量中,再使用这个变量创建一条消息,指出你最喜欢的数字,然后将这条消息打印出来。

3. 编写程序,输入一个 3 位正整数,按逆序输出其值。例如,输入 268,则输出 862。

4. 编写程序,输入一个大写字母,转换为对应的小写字母后输出。

第3章 语句与结构化程序设计

3.1 学习要求

(1) 掌握程序的3种常见流程结构。

(2) 掌握Python分支结构程序和循环结构程序的一般设计方法。

3.2 知识要点

1. Python语句

Python程序由Python语句组成,通常一行编写一个语句。例如:

```
print('Hello')
print('I am Python')
```

Python语句可以没有结束符,不像C或Java那样在语句后面必须有分号(;)表示结束。当然,Python程序中也可以根据习惯在语句后面使用分号(;)。

也可以把多个语句写在一行,此时就要在语句后面加上分号(;)表示结束。

把多个语句写在一行的例子。

```
print('Hello'); print('I am Python');
```

2. 缩进

缩进是指在代码行前面添加空格或Tab,使程序更有层次、更有结构感,从而使程序更易读。

缩进是Python语言中表明程序框架的唯一手段。

在Python程序中,缩进不是任意的。平级的语句行(代码块)的缩进必须相同。

在Python中,1个缩进=4个空格。

3. 顺序结构

图3-1是一个顺序结构的流程图,它有一个入口、一个出口,依次执行语句1和语句2。

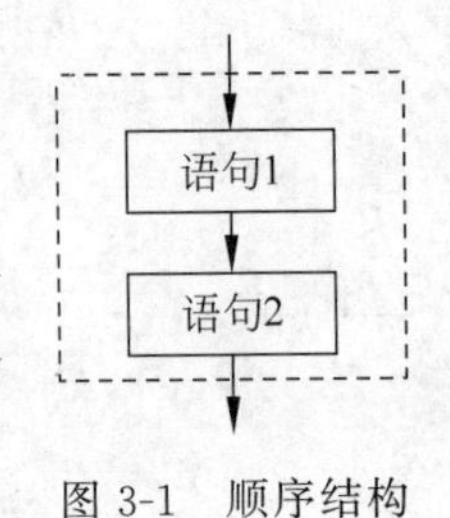

图3-1 顺序结构

一般情况下,实现程序顺序结构的语句主要是赋值语句、内置的输入函数input()和输出函数print()。这些语句可以完成输入、计算、输出的基本功能。

【例 3-1】 求解三角形面积。

```
a,b,c = input("请输入三角形的 3 条边长: ").split(" ")      # 输入空格分开的 3 个值
a,b,c = int(a),int(b),int(c)   # input 函数默认输入字符串,这里转换为整型
s = (a + b + c)/2
area = (s * (s - a) * (s - b) * (s - c)) ** 0.5
print("面积",area)
```

4. 分支结构

分支结构就是按照给定条件有选择地执行程序中的语句。

在 Python 语言中,实现程序分支结构的语句有: if 语句(单分支)、if…else 语句(双分支)和 if…elif 语句(多分支)。

Python 中 if 语句的一般形式如下所示:

```
if condition_1:
    statement_block_1
elif condition_2:
    statement_block_2
else: statement_block_3
```

注意:

(1) 每个条件后面要使用冒号":"表示接下来是满足条件后要执行的语句块。

(2) 使用缩进来划分语句块,相同缩进数的语句在一起组成一个语句块。

(3) 在 Python 中没有 switch…case 语句。

【例 3-2】 输入两个整数 a 和 b,按从小到大的顺序输出这两个数(单分支)。

```
a = eval(input("a = "))
b = eval(input("b = "))
if a > b:
    a,b = b,a
print(a,b)
```

【例 3-3】 输入一个年份 year,判断是否为闰年(双分支)。

```
year = eval(input("输入年份: "))   # 也可用 int()函数
if (year % 4 == 0 and year % 100 != 0) or (year % 400 == 0):
    print(year,": 闰年")
else:
    print(year,": 非闰年")
```

【例 3-4】 求下面分段函数的结果(多分支)。

$$y=\begin{cases}|x| & (x<0)\\ e^{x}\cos x & (0\leqslant x<15)\\ x^{5} & (15\leqslant x<30)\\ (7+9x)\ln x & (x\geqslant 30)\end{cases}$$

```
from math import *                          # 导入数学模块 math
x = eval(input("请输入 x: "))
if x < 0 :
```

```
    y = abs(x)
elif x < 15 :
    y = exp(x) * cos(x)                  # exp(x)在 math 中
elif x < 30 :
    y = pow(x,5)                         # 等价于 x ** 5
else :
    y = (7 + 9 * x) * log(x)             # log(x)在 math 中
print("y= ", y)
```

5. 循环结构

循环结构是一种让指定的代码块重复执行的有效机制。Python 可以使用循环使得在满足"预设条件"下,重复执行一段语句块。构造循环结构有两个要素:一个是循环体,即重复执行的语句和代码;另一个是循环条件,即重复执行代码所要满足的条件。为了能够适应不同场合的需求,Python 用 while 和 for 关键字来构造两种不同的循环结构,即表达两种不同形式的循环条件。

while 语句用于实现当型循环结构,在给定的判断条件表达式为 True 时执行循环体,否则退出循环体,如图 3-2 所示。其特点是先判断,后执行。

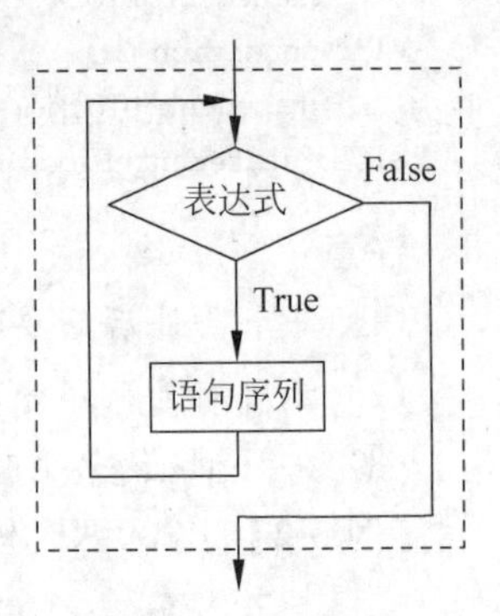

图 3-2 当型循环结构

语法格式:

```
while <表达式> :
    <语句序列>
```

【例 3-5】 求自然数 1～100 之和。

```
i = 1
sum = 0
while i <= 100 :
    sum += i                    # 等价于 sum = sum + i
    i += 1
print("sum = ", sum)
```

for 语句是一种遍历型循环,也就是说在循环的起始位置需要设置一个遍历范围或遍历的数据集合,在 for 循环的执行过程中,它会将该范围或集合中的数据带入到循环体中逐个执行一遍,直到所有的数据都尝试过为止。

语法格式:

```
for <变量> in <可迭代容器> :
    <语句序列>
```

其中,<变量>可以扩展为变量表,变量与变量之间用","分开。<可迭代容器>可以是序列、迭代器或其他支持迭代的对象。

【例 3-6】 求 Fibonacci 数列的前 20 项,并输出。

分析:Fibonacci 数列为 0,1,1,2,3,5,8,13,21,…,即 $f(0)=0, f(1)=1, f(n)=f(n-1)+f(n-2)(n\geqslant 2)$。

```
a, b = 0, 1
for i in range(20) :
```

```
    if (i+1) % 5!= 0 :
        print(a, end = '\t')
    else :
        print(a, end = '\n')
    a, b = b, a+b
```

有时需要在循环体中提前跳出循环，或者在某种条件满足时，不执行循环体中的某些语句而立即从头开始新的一轮循环，这时就要用到循环控制语句 break、continue 和 pass 语句。

break 语句用在循环体内，迫使所在循环立即终止，即跳出所在循环体，继续执行循环结构后面的语句。

continue 语句在循环语句中强行提前结束本次循环，而不是终止循环。

【例 3-7】 求 1～100 的全部奇数之和。

```
x = y = 0
while True:
    x += 1
    if  x % 2 == 0:continue
    elif x > 100:break
    else:y += x
print("y = ",y)
```

pass 语句是一个空语句，它不做任何操作，代表一个空操作，在特别的时候用来保证格式或语义的完整性。例如下面的循环语句：

```
for i in range(5):
    pass
```

该语句的确会循环 5 次，但是除了循环本身之外，它什么也没做。

3.3 应 用 举 例

视频讲解

【例 3-8】 编程打印如下所示的三角形图案。

(1) 示例 1。

```
*
**
***
****
*****
```

(2) 示例 2。

```
    *
   **
  ***
 ****
*****
```

(3) 示例 3。

```
    *
   ***
  *****
 *******
*********
```

(4) 示例 4。

```
    *
   * *
  * * *
 * * * *
* * * * *
```

(5) 示例 5。

```
*
* *
*   *
*     *
* * * * *
```

程序如下:

(1) 示例 1。

```
for i in range(1,6):
    print(i*"*")    # 在同一行打印 i 个*
```

(2) 示例 2。

```
for i in range(1,6):
    print((5-i)*" ",i*"*")
```

(3) 示例 3。

```
for i in range(1,6):
    print((5-i)*" ",(2*i-1)*"*")
```

(4) 示例 4。

```
for i in range(1,6):
    print((5-i)*" ",i*"* ")
```

(5) 示例 5。

```
for i in range (1,5):
    for j in range (1,i+1):
        if j==1 or j==i:
            print(" * ",end="")
        else:
            print(" ",end="")
    print()
print(5*"*")
```

【例 3-9】 从键盘输入一个 3 位整数，分离出它的个位、十位和百位并在屏幕上用一条 print 语句格式化输出两次(分别用%d 和{}.format)。

```
x = int(input('请输入一个 3 位整数: '))
a = x % 10
b = x//10 % 10
c = x//100
print('个位 = %d,十位 = %d,百位 = %d' % (a,b,c))
print('个位 = {},十位 = {},百位 = {}'.format(a,b,c))
```

【例 3-10】 从键盘输入一个字符 ch，判断并输出它是英文字母(输出用%s 格式)、数字或其他字符(输出用{}.format)。

```
ch = input('请输入一个字符: ')
if ch >= 'a' and ch <= 'z' or ch >= 'A' and ch <= 'Z':
    print('%s 是英文字母' % ch)
elif ch >= '0' and ch <= '9':
    print('{}是数字'.format(ch))
else:
    print('{}是其他字符'.format(ch))
```

【例 3-11】 输入三角形的 3 条边长，求三角形的面积(先判断 3 条边是否能构成三角形，不引入数学库)。

```
a,b,c = eval(input('用英文逗号分隔输入 a,b,c = '))
if a + b > c and a + c > b and b + c > a:
    p = (a + b + c) / 2
    area = (p * (p - a) * (p - b) * (p - c)) ** 0.5
    print('面积: %f' % (area))
else:
    print('不能构成三角形')
```

习　　题

1. 编写程序，接收用户从键盘上输入的 3 个整数，求出其中的最小值并输出在屏幕上。

2. 编写程序，接收用户从键盘输入的一个 1～7 的整数，该整数表示一个星期中的第几天，在屏幕上输出对应的英文单词(提示：1 表示星期一，7 表示星期日)。

3. 编写程序，输出 1～100 中所有 3 的倍数，并规定一行输出 5 个数。

4. 编写程序，打印如下倒三角形。

```
* * * * * * *
  * * * * *
    * * *
      *
```

5. 编写程序，打印九九乘法口诀表(提示：为了让算式对齐显示，使用 format()方法格式化输出字符串)。

6. 编写程序，找出 1000 以内的“完数”并输出，同时输出找到的完数个数。所谓“完数”就是数本身等于其各因子之和的数，如 6=1+2+3。

第 4 章 组合数据类型与字符串

4.1 学习要求

(1) 掌握列表、元组、字典、集合数据类型的使用和操作方法。
(2) 掌握字符串的使用和操作方法。

4.2 知识要点

4.2.1 列表

列表是 Python 中内置的数据类型，是一个元素的有序集合。一个列表中的数据类型可以各不相同，列表中的每一个数据称为元素，其所有元素用逗号分隔并放在一对中括号“[”和“]”中。

例如：

```
[1,2,3,4,5]
['Python', 'C','C++','Java','Fortran']
['make',3.0,81,[ 'good','luck']]
```

1. 列表的创建

使用赋值运算符“＝”将一个列表赋值给变量，即可创建列表对象。

```
>>> a = ['math', 'hello',2017, 2.5]
>>> b = ['make',3.0,81,[ 'good','luck']]
>>> c = [1,2,(3.0,'hello world!')]
>>> d = []
```

2. 列表元素读取

方法：列表名[索引]

其中，正向索引从 0 开始，逆向索引从－1 开始。

```
>>> a_list = ['math', 'hello',2017, 2.5,[0.5,3]]
>>> a_list[1]
'hello'
>>> a_list[-1]
[0.5, 3]
```

```
>>> a_list[5]   # 超出索引范围,报错
Traceback (most recent call last):
  File "<pyshell#9>", line 1, in <module>
    a_list[5]
IndexError: list index out of range
```

3. 列表切片

切片操作的方法：

```
列表名[开始索引:结束索引:步长]
```

注意，步长为正时，从左向右取值；步长为负时，反向取值。切片的结果不包含结束索引，即不包含最后一位，－1 代表列表的最后一个位置索引。

```
>>> a_list[1:3]
['hello', 2017]
>>> a_list[1:-1]
['hello', 2017, 2.5]
>>> a_list[:3]
['math', 'hello', 2017]
>>> a_list[1:]
['hello', 2017, 2.5, [0.5, 3]]
>>> a_list[:]
['math', 'hello', 2017, 2.5, [0.5, 3]]
>>> a_list[::2]
['math', 2017, [0.5, 3]]
>>> a_list[-1]                  # 列表的最后一个元素
[0.5, 3]
>>> a_list[-2:]                 # 从列表的倒数第二个元素直至列表结束
[2.5, [0.5, 3]]
>>> a_list[:-1]                 # 不包含最后一个列表元素
['math', 'hello', 2017, 2.5]
>>> a_list[:-2]                 # 不包含最后两个列表元素
['math', 'hello', 2017]
>>> a_list[::-1]                # 反转列表
[[0.5, 3], 2.5, 2017, 'hello', 'math']
>>> a_list[1::-1]               # 从索引值为 1 的列表元素开始,逆向索引到列表开头
['hello', 'math']
>>> a_list[-3::-1]              # 从索引值为-3 的列表元素开始,逆向索引到列表开头
[2017, 'hello', 'math']
>>> a_list[:-3:-1]              # 逆向索引直到索引为-2 的元素结束
[[0.5, 3], 2.5]
```

4. 增加元素

1）使用“＋”运算符将一个新列表添加在原列表的尾部

```
>>> id(a_list)
49411096
>>> a_list = a_list + [5]
>>> a_list
['math', 'hello', 2017, 2.5, [0.5, 3], 5]
```

```
>>> id(a_list)
49844992
```

2）使用 append()方法向列表尾部添加一个新的元素

```
>>> a_list.append('Python')
>>> a_list
['math', 'hello', 2017, 2.5, [0.5, 3], 5, 'Python']
```

3）使用 extend()方法将一个新列表添加在原列表的尾部

```
>>> a_list.extend([2017,'C'])
>>> a_list
['math', 2017, 'hello', 2.5, [0.5, 3], 5, 'Python', 2017, 'C']
```

4）使用 insert()方法将一个元素插入到列表的指定位置

格式：insert(下标位置,插入的元素)

```
>>> a_list.insert(3,3.5)
>>> a_list
['math', 2017, 'hello', 3.5, 2.5, [0.5, 3], 5, 'Python', 2017, 'C']
```

5. 检索元素

1）使用 index()方法获取指定元素首次出现的下标

格式：index(value,[,start,[,end]])

```
>>> a_list.index(2017)
1
>>> a_list.index(2017,2)
8
>>> a_list.index(2017,5,7)   # 报错
Traceback (most recent call last):
  File "<pyshell#10>", line 1, in <module>
    a_list.index(2017,5,7)
ValueError: 2017 is not in list
```

2）使用 count()方法统计列表中指定元素出现的次数

```
>>> a_list.count(2017)
2
>>> a_list.count([0.5,3])
1
>>> a_list.count(0.5)
0
```

3）使用 in 运算符检索某个元素是否在该列表中

```
>>> 5 in a_list
True
>>> 0.5 in a_list
False
```

6. 删除元素

1）使用 del 命令或 pop 命令删除列表中指定位置的元素

```
>>> del a_list[2]
>>> a_list
['math', 2017, 3.5, 2.5, [0.5, 3], 5, 'Python', 2017, 'C']
>>> a_list.pop(1)          # pop()默认删除最后一个列表元素
2017
>>> a_list
['math', 3.5, 2.5, [0.5, 3], 5, 'Python', 2017, 'C']
>>>
```

del 命令也可以直接删除整个列表：

```
>>> b_list = [10,7,1.5]
>>> b_list
[10, 7, 1.5]
>>> del b_list
>>> b_list                  # b_list 没有找到,报错
Traceback (most recent call last):
  File "<pyshell#42>", line 1, in <module>
    b_list
NameError: name 'b_list' is not defined
```

2）使用 remove()方法删除首次出现的指定元素

```
>>> a_list = ['math', 2017, 3.5, 2.5, [0.5, 3], 5, 'Python', 2017, 'C']
>>> a_list.remove(2017)
>>> a_list
['math', 3.5, 2.5, [0.5, 3], 5, 'Python', 2017, 'C']
>>> a_list.remove(2017)
>>> a_list
['math', 3.5, 2.5, [0.5, 3], 5, 'Python', 'C']
>>> a_list.remove(2017)     # 元素不在列表中,报错
Traceback (most recent call last):
  File "<pyshell#30>", line 1, in <module>
    a_list.remove(2017)
ValueError: list.remove(x): x not in list
```

7. 遍历列表

遍历列表就是一个一个地访问列表元素，这是使用列表时的常用操作。

使用 range()函数可以产生一个数值递增序列。

格式：range(start, end, step = 1)

说明：range 会返回一个整数序列，start 为整数序列的起始值，end 为整数序列的结束值，在生成的整数序列中，不包含结束值，step 为整数序列中递增的步长，默认为 1。

例如，可以使用 for 语句和 range()函数遍历列表。

(1) 使用序列迭代法。

```
s1 = ['xyz','book','hello']
for i in s1:
    print(i)
```

(2) 使用序列索引迭代法。

```
for i in range(len(s1)):
    print(s1[i])
```

(3) 使用数字迭代法。

```
for i in range(3):
    print(s1[i])
```

8. 列表常用函数

1) len()

格式:len(列表)

功能:该函数表示列表的长度,即列表元素的个数。

```
>>> a_list = ['math','hello',2017,2.5,[0.5,3]]
>>> len(a_list)
5
>>> len([1,2.0,'hello'])
3
```

2) max()和 min()

格式:max(列表),min(列表)

功能:这两个函数分别表示列表的最大值和最小值。

```
>>> a_list = ['123', 'xyz', 'zara', 'abc']
>>> max(a_list)
'zara'
>>> min(a_list)
'123'
```

3) sum()

格式:sum(列表)

功能:该函数表示对列表元素求和。

```
>>> a_list = [23,59, -1,2.5,39]
>>> sum(a_list)
122.5
>>> b_list = ['123', 'xyz', 'zara', 'abc']
>>> sum(b_list)                # 字符串求和,报错
Traceback (most recent call last):
  File "<pyshell#11>", line 1, in <module>
    sum(b_list)
TypeError: unsupported operand type(s) for +: 'int' and 'str'
```

4) sorted()

格式：sorted(列表)

功能：对列表进行排序，默认是按照升序排序。该方法不会改变原列表的顺序。

```
>>> a_list = [80, 48, 35, 95, 98, 65, 99, 95, 18, 71]
>>> sorted(a_list)
[18, 35, 48, 65, 71, 80, 95, 95, 98, 99]
>>> a_list
[80, 48, 35, 95, 98, 65, 99, 95, 18, 71]
```

降序排序：在 sorted()函数的列表参数后面增加一个 reverse 参数，其值等于 True 表示降序排序，等于 False 表示升序排序。

```
>>> a_list = [80, 48, 35, 95, 98, 65, 99, 95, 18, 71]
>>> sorted(a_list,reverse = True)
[99, 98, 95, 95, 80, 71, 65, 48, 35, 18]
>>> sorted(a_list,reverse = False)
[18, 35, 48, 65, 71, 80, 95, 95, 98, 99]
```

5) sort()

格式：列表名.sort()

功能：对列表进行排序，排序后的新列表会覆盖原列表，默认为升序排序。

```
>>> a_list = [80, 48, 35, 95, 98, 65, 99, 95, 18, 71]
>>> a_list.sort()
>>> a_list
[18, 35, 48, 65, 71, 80, 95, 95, 98, 99]
```

降序排序：在 sort()方法中增加一个 reverse 参数。

```
>>> a_list = [80, 48, 35, 95, 98, 65, 99, 95, 18, 71]
>>> a_list.sort(reverse = True)
>>> a_list
[99, 98, 95, 95, 80, 71, 65, 48, 35, 18]
>>> a_list.sort(reverse = False)
>>> a_list
[18, 35, 48, 65, 71, 80, 95, 95, 98, 99]
```

6) reversed()

格式：reversed(列表名)

功能：返回一个对列表进行翻转操作后的迭代器，需要用 list()函数转换为列表。该方法不会改变原列表的顺序。

```
>>> a_list = [80, 48, 35, 95, 98, 65, 99, 95, 18, 71]
>>> reversed(a_list)
<list_reverseiterator object at 0x000001DB0A2BE670>
>>> list(reversed(a_list))
[71, 18, 95, 99, 65, 98, 95, 35, 48, 80]
>>> a_list
[80, 48, 35, 95, 98, 65, 99, 95, 18, 71]
```

7) reverse()

格式：列表名.reverse()

功能：对列表中的元素进行翻转存放，但是不会排序。

```
>>> a_list = [80, 48, 35, 95, 98, 65, 99, 95, 18, 71]
>>> a_list.reverse()
>>> a_list
[71, 18, 95, 99, 65, 98, 95, 35, 48, 80]
```

9. 列表常用的方法和函数

列表常用的方法和函数如表 4-1 所示。

表 4-1　列表常用的方法和函数

常用的方法和函数	描　述
append()	在列表末尾追加元素
count()	统计元素出现的次数
extend()	用一个列表追加扩充另一个列表
index()	检索元素在列表中第一次出现的位置
insert()	在指定位置追加元素
pop()	删除最后一个元素(也可指定删除的元素位置)
remove()	删除指定元素
reverse()	将列表元素翻转
sort()	对列表排序
len()	计算列表元素的个数

10. 列表推导式

列表推导式能非常简洁地构造一个新列表：只用一个简洁的表达式即可对得到的元素进行转换变形。

格式：[表达式 for 变量 in 列表] 或者 [表达式 for 变量 in 列表 if 条件]

【例 4-1】 创建一个 0～10 的列表。

```
a = [x for x in range(11)]
print(a)
```

输出结果：

```
[0, 1, 2, 3, 4, 5, 6, 7, 8, 9,10]
```

【例 4-2】 创建一个 0～10 的偶数列表。

```
a = [x for x in range(11) if x % 2 == 0]
```

输出结果：

```
[0, 2, 4, 6, 8, 10]
```

【例 4-3】 双重 for 循环的列表推导式。

```
a = [(x,y) for x in range(3) for y in range(3)]
```

```
print(a)
```

输出结果：

```
[(0, 0), (0, 1), (0, 2), (1, 0), (1, 1), (1, 2), (2, 0), (2, 1), (2, 2)]
```

11. 应用举例

【例 4-4】 从键盘上输入一批数据，对这些数据进行逆置，最后按照逆置后的结果输出。

分析：将输入的数据存放在列表中，将列表的所有元素镜像对调，即第一个与最后一个对调，第二个与倒数第二个对调，以此类推。

```
b_list = input("请输入数据:")
a_list = []
for i in b_list.split(','):
    a_list.append(i)
print("逆置前数据为:",a_list)
n = len(a_list)
for i in range(n//2):
    a_list[i],a_list[n - i - 1] = a_list[n - i - 1],a_list[i]
print("逆置后数据为:",a_list)
```

4.2.2 元组

元组(tuple)和列表一样，也是一种元素序列。元组是不可变的，一旦创建，就不能添加或删除元素。其定义形式与列表类似，区别在于定义元组时所有元素放在一对圆括号“(”和“)”中。

例如：

```
a = (1,2,3,4,5)
b = ('Python', 'C','C++','Java','Fortran')
```

1. 元组的创建

赋值运算符“＝”将一个元组赋值给变量即可创建元组对象。

```
>>> a_tuple = ('math', 'hello',2017, 2.5)
>>> b_tuple = (1,2,(3.0,'hello world!'))
>>> c_tuple = ('make',3.0,81,['good','luck'])
>>> d_tuple = ()
```

2 . 读取元素

方法：元组名[索引]

```
>>> a_tuple = ('math', 'hello',2017, 2.5)
>>> a_tuple[1]
'hello'
>>> a_tuple[ - 1]
2.5
>>> a_tuple[5]                # 超出索引范围,报错
Traceback (most recent call last):
```

```
  File "<pyshell#14>", line 1, in <module>
    a_tuple[5]
IndexError: tuple index out of range
```


3. 元组切片

元组也可以进行切片操作,方法与列表类似。

```
>>> a_tuple[1:3]
('hello', 2017)
>>> a_tuple[::3]
('math', 2.5)
```

4. 检索元素

1)使用index()方法获取指定元素首次出现的下标

```
>>> a_tuple.index(2017)
2
>>> a_tuple.index('math', -2)  # 从下标为-2的元素开始向尾部检索,报错
Traceback (most recent call last):
  File "<pyshell#9>", line 1, in <module>
    a_tuple.index('math', -2)
ValueError: tuple.index(x): x not in tuple
```

2)使用count()方法统计元组中指定元素出现的次数

```
>>> a_tuple.count(2017)
1
>>> a_tuple.count(1)
0
```

3)使用in运算符检索某个元素是否在该元组中

```
>>>'hello' in a_tuple
True
>>> 0.5 in a_tuple
False
```

5. 删除元组

只能使用del语句删除整个元组,而不能删除元组中的部分元素。删除之后对象就不存在了,再次访问会出错。

```
>>> del a_tuple
>>> a_tuple    # 找不到该元组,报错
Traceback (most recent call last):
  File "<pyshell#30>", line 1, in <module>
    a_tuple
NameError: name 'a_tuple' is not defined
```

6. 列表与元组的区别

(1)元组的处理速度和访问速度比列表快。如果定义了一系列常量值,主要对其进行遍历或者类似用途,而不需要对其元素进行修改,这种情况一般使用元组。可以认为,元组

对不需要修改的数据进行了“写保护”，使代码更安全。

(2) 作为不可变序列，元组(包含数值、字符串和其他元组的不可变数据)可用作字典的键，而列表不可以充当字典的键，因为列表是可变的。

7. 列表与元组的转换

```
>>> a_list = ['math', 'hello',2017, 2.5,[0.5,3]]
>>> tuple(a_list)
('math', 'hello', 2017, 2.5, [0.5, 3])
>>> type(a_list)
<class 'list'>
>>> b_tuple = (1,2,(3.0,'hello world!'))
>>> list(b_tuple)
[1, 2, (3.0, 'hello world!')]
>>> type(b_tuple)
<class 'tuple'>
```

8. 应用举例

【例 4-5】 利用元组一次性给多个变量赋值。

```
>>> v = ('Python', 2, True)
>>>(x,y,z) = v
>>> x
'Python'
>>> y
2
>>> z
True
```

4.2.3 字典

通过任意键信息查找一组数据中值信息的过程称为映射。Python 语言中通过字典实现映射。Python 语言中的字典可以通过大括号{}建立，建立模式如下：

```
{<键 1>:<值 1>, <键 2>:<值 2>, … , <键 n>:<值 n>}
```

其中，键和值通过冒号连接，不同键值对通过逗号隔开。

例如：

```
>>> Dcountry = {"中国":"北京", "美国":"华盛顿", "法国":"巴黎"}
>>> print(Dcountry)
{'中国': '北京', '法国': '巴黎', '美国': '华盛顿'}
```

字典打印出来的顺序可以与创建之初的顺序不同，各个元素并没有顺序之分。

1. 字典的创建

1) 使用“=”将一个字典赋给一个变量

```
>>> a_dict = {'Lili':95,'Beyond':82,'Tom':65.5,'Emily':95}
>>> a_dict
{'Lili': 95, 'Beyond': 82, 'Tom': 65.5, 'Emily': 95}
>>> b_dict = {}
```

```
>>> b_dict
{}
```

2）使用内建函数 dict()

```
>>> c_dict = dict(zip(['one', 'two', 'three'], [1, 2, 3]))
>>> c_dict
{'one': 1, 'two': 2, 'three': 3}
>>> d_dict = dict(one = 1, two = 2, three = 3)
>>> e_dict = dict([('one', 1),('two',2),('three',3)])
>>> f_dict = dict((('one', 1),('two',2),('three',3)))
>>> g_dict = dict()
>>> g_dict
{}
```

3）使用内建函数 fromkeys()

格式：fromkeys(seq[, value])

```
>>> h_dict = {}.fromkeys((1,2,3),'student')     # 也可以将{}写成 dict
>>> h_dict
{1: 'student', 2: 'student', 3: 'student'}
>>> i_dict = {}.fromkeys((1,2,3))
>>> i_dict
{1: None, 2: None, 3: None}
>>> j_dict = {}.fromkeys(())
>>> j_dict
{}
```

2. 字典元素的读取

1）使用键的方法

```
>>> a_dict = {'Lili':95,'Beyond':82,'Tom':65.5,'Emily':95}
>>> a_dict['Tom']
65.5
>>> a_dict[95]                                  # 95 不是键,报错
Traceback (most recent call last):
  File "<pyshell#32>", line 1, in <module>
    a_dict[95]
KeyError: 95
```

2）使用 get()方法获取执行键对应的值

一般形式：字典名.get(key, default = None)

default 是指定的“键”值不存在时,返回的值。

```
>>> a_dict.get('Lili')
95
>>> a_dict.get('a','address')
'address'
>>> a_dict.get('a')
>>> print(a_dict.get('a'))
None
```

3. 字典元素的添加与修改

1) 使用“字典名[键名]=键值”形式

```
>>> a_dict['Beyond'] = 79
>>> a_dict
{'Lili': 95, 'Beyond': 79, 'Tom': 65.5, 'Emily': 95}
>>> a_dict['Eric'] = 98
>>> a_dict
{'Lili': 95, 'Beyond': 79, 'Tom': 65.5, 'Emily': 95, 'Eric': 98}
```

2) 使用 update()方法

```
>>> a_dict = {'Lili': 95, 'Beyond': 79, 'Emily': 95, 'Tom': 65.5}
>>> b_dict = {'Eric':98,'Tom':82}
>>> a_dict.update(b_dict)
>>> a_dict
{'Lili': 95, 'Beyond': 79, 'Emily': 95, 'Tom': 82, 'Eric': 98}
```

3) 使用 setdefault()方法

```
>>> a_dict = {'Lili': 95, 'Beyond': 79, 'Emily': 95, 'Tom': 82, 'Eric': 98}
>>> a_dict.setdefault('Beyond', 80)          # 键存在,返回该键对应的值
79
>>> a_dict
{'Lili': 95, 'Beyond': 79, 'Emily': 95, 'Tom': 82, 'Eric': 98}
>>> a_dict.setdefault('kate', 80)            # 键不存在,返回默认值
80
>>> a_dict
# 新增一个键值对
{'Lili': 95, 'Beyond': 79, 'Emily': 95, 'Tom': 82, 'Eric': 98, 'kate': 80}
```

4. 字典元素的删除

1) 使用 del 命令删除字典中指定“键”对应的元素

```
>>> a_dict = {'Lili': 95, 'Beyond': 79, 'Emily': 95, 'Tom': 82, 'Eric': 98}
>>> del a_dict['Beyond']
>>> a_dict
{Lili': 95, 'Emily': 95, 'Tom': 82, 'Eric': 98}
>>> del a_dict[82]                          # 82 不是键,报错
Traceback (most recent call last):
  File "<pyshell#56>", line 1, in <module>
    del a_dict[82]
KeyError: 82
```

2) 使用 pop()方法删除并返回指定“键”的值

```
>>> a_dict.pop('Lili')
95
>>> a_dict
{'Emily': 95, 'Tom': 82, 'Eric': 98}
```

3）使用 popitem()方法，随机删除元素

```
>>> a_dict.popitem()
('Emily', 95)
>>> a_dict
{'Tom': 82, 'Eric': 98}
```

4）使用 clear()方法

```
>>> a_dict.clear()
>>> a_dict
{}
```

5）使用 del 命令删除整个字典

```
>>> del a_dict
>>> a_dict                                   # 找不到该字典,报错
Traceback (most recent call last):
  File "<pyshell#68>", line 1, in <module>
    a_dict
NameError: name 'a_dict' is not defined
```

5. 字典的遍历

1）遍历字典关键字

一般形式：字典名.keys()

```
>>> a_dict
{'Lili': 95, 'Beyond': 79, 'Emily': 95, 'Tom': 65.5}
>>> a_dict.keys()
dict_keys(['Lili', 'Beyond', 'Emily', 'Tom'])
```

2）遍历字典的值

一般形式：字典名.values()

```
>>> a_dict.values()
dict_values([95, 79, 95, 65.5])
```

3）遍历字典元素

一般形式：字典名.items()

```
>>> a_dict.items()
dict_items([('Lili', 95), ('Beyond', 79), ('Emily', 95), ('Tom', 65.5)])
```

6. 应用举例

【例 4-6】 输入一串字符，统计其中单词出现的次数，单词之间用空格分隔开。

```
string = input("input string:")
string_list = string.split()
word_dict = {}
for word in string_list:
      if word in word_dict:
            word_dict[word] += 1
```

```
        else:
            word_dict[word] = 1
    print(word_dict)
```

4.2.4 集合

集合(set)是一组对象的集合,是一个无序排列的、不重复的数据集合体,用一对"{}"进行界定。例如:

```
s = {0,1,2,3,4}
```

1. 集合的创建

1) 使用"="将一个集合赋给一个变量

```
>>> a_set = {0,1,2,3,4,5,6,7,8,9}
>>> a_set
{0, 1, 2, 3, 4, 5, 6, 7, 8, 9}
>>> b_set = {1,3,3,5}                  # 重复元素
>>> b_set
{1, 3, 5}
```

2) 使用集合对象的 set()方法创建集合

```
>>> b_set = set(['math', 'hello',2017, 2.5])
>>> b_set
{2017, 2.5, 'hello', 'math'}
>>> c_set = set(('Python', 'C','HTML','Java','Perl '))
>>> c_set
{'Python', 'C', 'HTML', 'Java', 'Perl '}
>>> d_set = set('Python')
>>> d_set
{'t', 'h', 'P', 'y', 'n', 'o'}
```

3) 使用 frozenset()方法创建一个冻结的集合

```
>>> e_set = frozenset('a')
>>> a_dict = {e_set:1,'b':2}
>>> a_dict
{frozenset({'a'}): 1, 'b': 2}
>>> f_set = set('a')
>>> b_dict = {f_set:1,'b':2}
Traceback (most recent call last):
  File "<pyshell#9>", line 1, in <module>
    b_dict = {f_set:1,'b':2}
TypeError: unhashable type: 'set'
```

2. 访问集合

使用 in 或者循环遍历访问元素。

```
>>> b_set = set(['math', 'hello',2017, 2.5])
>>> b_set
{2017, 'math', 2.5, 'hello'}
```

```
>>> 2.5 in b_set
True
>>> 3 in b_set
False
>>> for i in b_set:print(i,end = ' ')
2017 2.5 hello math
```

3. 删除集合

使用 del 命令删除整个集合。

```
>>> a_set = {0,1,2,3,4,5,6,7,8,9}
>>> a_set
{0, 1, 2, 3, 4, 5, 6, 7, 8, 9}
>>> del a_set
>>> a_set
Traceback (most recent call last):
  File "<pyshell#66>", line 1, in <module>
    a_set
NameError: name 'a_set' is not defined
```

4. 更新集合

1) 使用 add()方法

一般形式:集合名.add(x)

```
>>> b_set.add('english')
>>> b_set
{2017, 2.5, 'english', 'hello', 'math'}
```

2) 使用 update()方法

一般形式:集合名.update(s1,s2,…,sn)

```
>>> s = {'Python','C','C++'}
>>> s.update({1,2,3},{'good','luck'},{0,1,2})
>>> s
{0, 1, 2, 3, 'Python', 'C', 'C++', 'luck', 'good'}
```

5. 删除集合中的元素

1) 使用 remove()方法

一般形式:集合名.remove(x)

```
>>> s = {0, 'Python', 1, 2, 3, 'luck', 'good', 'C++', 'C'}
>>> s.remove(0)
>>> s
{1, 2, 3, 'Python', 'C', 'C++', 'luck', 'good'}
>>> s.remove('Hello')   # 集合中没有要删除的元素,给出错误信息
Traceback (most recent call last):
  File "<pyshell#45>", line 1, in <module>
    s.remove('Hello')
KeyError: 'Hello'
```

2）使用 discard ()方法

一般形式：集合名.discard(x)

```
>>> s.discard('C')
>>> s
{1, 2, 3, 'Python', 'C++', 'luck', 'good'}
>>> s.discard('Hello')   # 集合中没有要删除的元素，不给出错误信息
>>> s
{1, 2, 3, 'Python', 'C++', 'luck', 'good'}
```

3）使用 pop()方法删除任意一个元素

```
>>> s.pop()
1
>>> s
{2, 3, 'Python', 'C++', 'luck', 'good'}
```

4）使用 clear()方法删除集合中所有元素

```
>>> s.clear()
>>> s
set()
```

6. 集合常用运算

1）交集

方法：s1&s2&…&sn

```
>>>{0,1,2,3,4,5,7,8,9}&{0,2,4,6,8}
{0, 8, 2, 4}
>>>{0,1,2,3,4,5,7,8,9}&{0,2,4,6,8}&{1,3,5,7,9}
set()
```

2）并集

方法：s1|s2|…|sn

```
>>>{0,1,2,3,4,5,7,8,9}|{0,2,4,6,8}
{0, 1, 2, 3, 4, 5, 6, 7, 8, 9}
>>>{0,1,2,3,4,5}|{0,2,4,6,8}
{0, 1, 2, 3, 4, 5, 6, 8}
```

3）差集

方法：s1 - s2 - … - sn

```
>>>{0,1,2,3,4,5,6,7,8,9} - {0,2,4,6,8}
{1, 3, 5, 9, 7}
>>>{0,1,2,3,4,5,6,7,8,9} - {0,2,4,6,8} - {2,3,4}
{1, 5, 9, 7}
```

4）对称差集

方法：s1^s2^…^sn

```
>>>{0,1,2,3,4,5,6,7,8,9}^{0,2,4,6,8}
```

```
{1, 3, 5, 7, 9}
>>>{0,1,2,3,4,5,6,7,8,9}^{0,2,4,6,8}^{1,3,5,7,9}
set()
```


5）集合的比较

使用==、!=、<、<=、>、>=进行比较。

```
>>> A = set('abcd')
>>> B = set('cdef')
>>> C = set("ab")
>>> C < A
True                                    # C 是 A 的子集
>>> C < B
False
>>> C.issubset(A)                       # 操作符"<" 等价于方法 issubset()
True
```

7. 应用举例

【例 4-7】 去除列表中的重复元素。

```
# 第一种方法,使用 set 集合,先转为集合再转回列表
AList = [1, 2, 3, 1, 2]
result_list = list(set(AList))
print(result_list)
# 第二种方法,使用 dict.fromkeys,该函数有两个参数,第一个是字典的键,第二个是对应值
# (默认为空 str),用于创建一个字典类型
AList = [1, 2, 3, 1, 2]
result_list = list(dict.fromkeys(AList))
print(result_list)
```

4.2.5 字符串

Python 中的字符串用一对单引号(')或双引号(")括起来。例如：

```
>>>'Python'
'Python'
>>>"Python Program"
'Python Program'
```

1. 字符串创建

使用赋值运算符“=”将一个字符串赋值给变量。

```
>>> str1 = "Hello"
>>> str1
"Hello"
>>> str2 = 'Program \n\'Python\''
>>> str2
"Program \n'Python'"
```

2. 字符串元素读取

方法：字符名[索引]

```
>>> str1[0]
'H'
>>> str1[-1]
'o'
```

3. 字符串切片

方法：字符串名[开始索引:结束索引:步长]

```
>>> str = "Python Program"
>>> str[0:5:2]
'Pto'
>>> str[:]
'Python Program'
>>> str[-1:-20]
''
>>> str[-1:-20:-1]
'margorP nohtyP'
```

4. 连接

使用运算符“+”，将两个字符串对象连接起来。

```
>>>"Hello" + "World"
'HelloWorld'
>>>"P" + "y" + "t" + "h" + "o" + "n" + "Program"
'PythonProgram'
```

将字符串和数值类型数据进行连接时，需要使用 str()函数将数值数据转换为字符串，然后再进行连接运算。

```
>>>"Python" + str(3)
'Python3'
```

5. 重复

字符串重复操作使用运算符“*”，构建一个由字符串自身重复连接而成的字符串对象。

```
>>>"Hello" * 3
'HelloHelloHello'
>>> 3 * "Hello World!"
'Hello World!Hello World!Hello World!'
```

6. 关系运算

1）单字符串的比较

单字符串的比较是按照字符的 ASCII 码值大小进行比较。

```
>>>"a" == "a"
True
>>>"a" == "A"
False
>>>"0">"1"
False
```

2) 多个字符串的比较

```
>>>"abc"<"abd"
True
>>>"abc">"abcd"
False
>>>"abc"<"cde"
True
>>>""<"0"
True
```

注意,空字符串("")比其他字符串都小,因为它的长度为0。

7. 成员运算

字符串使用in或not in运算符判断一个字符串是否属于另一个字符串。

```
>>>"ab" in "aabb"
True
>>>"abc" in "aabbcc"
False
>>>"a" not in "abc"
False
```

8. 字符串的常用方法

1) 子串查找:find()方法

一般形式:str.find(substr,[start,[,end]])

```
>>> s1 = "beijing xi'an tianjin beijing chongqing"
>>> s1.find("beijing")
0
>>> s1.find("beijing",3)
22
>>> s1.find("beijing",3,20)
-1
```

2) 字符串替换:replace()方法

一般形式:str.replace(old,new(,max))

```
>>> s2 = "this is string example. this is string example."
>>> s2.replace("is", "was")
'thwas was string example. thwas was string example.'
>>> s2 = "this is string example. this is string example."
>>> s2.replace("is", "was",2)
'thwas was string example. this is string example.'
```

3) 字符串分离

一般形式:str.split([sep])

```
>>> s3 = "beijing,xi'an,tianjin,beijing,chongqing"
>>> s3.split(',')
['beijing', "xi'an", 'tianjin', 'beijing', 'chongqing']
>>> s3.split('a')
```

```
["beijing,xi'", 'n,ti', 'njin,beijing,chongqing']
>>> s3.split()
["beijing,xi'an,tianjin,beijing,chongqing"]
```

4）字符串连接

一般形式：sep.join(sequence)

```
>>> s4 = ["beijing","xi'an","tianjin", "chongqing"]
>>> sep = " - →"
>>> str = sep.join(s4)
>>> str
"beijing - →xi'an - →tianjin - →chongqing"
>>> s5 = ("Hello","World")
>>> sep = ""
>>> sep.join(s5)
'HelloWorld'
```

5）字符串的测试和替换函数

```
s.startswith(prefix[,start[,end]])       # 是否以 prefix 开头
s.endswith(suffix[,start[,end]])         # 是否以 suffix 结尾
s.isalnum()                              # 是否全是字母和数字,并至少有一个字符
s.isalpha()                              # 是否全是字母,并至少有一个字符
s.isdigit()                              # 是否全是数字,并至少有一个字符
s.isspace()                              # 是否全是空白字符,并至少有一个字符
s.islower()                              # 字母是否全是小写
s.isupper()                              # 字母是否全是大写
s.istitle()                              # 首字母是否是大写
```

9. 字符串应用举例

【例 4-8】 从键盘输入 5 个英文单词,输出其中以元音字母开头的单词。

```
str = "AEIOUaeiou"
a_list = []
for i in range(0,5):
    word = input("请输入一个英文单词: ")
    a_list.append(word)
print("输入的 5 个英文单词是: ",a_list)
print("首字母是元音的英文单词有: ")
for i in range(0,5):
    for ch in str:
        if a_list[i][0] == ch:
            print(a_list[i])
            break
```

【例 4-9】 输入字符串,对其进行大小写转换。

```
name = input("请输入字符串:")
name_list = []
for i in name:
    name_list.append(i)
for i in range(len(name_list)):
```

```
    if ord(name_list[i]) in range(65,91):
        name_list[i] = chr(ord(name_list[i]) + 32)
    elif ord(name_list[i]) in range(97,123):
        name_list[i] = chr(ord(name_list[i]) - 32)
sep = ""
print(sep.join(name_list))
```

【例 4-10】 判断 QQ 号码是否正确：QQ 号为 5～10 位，不能以 0 开头，且必须是数字。

```
qq = input("请输入 QQ 号码:")
if qq.isdigit() and 5 <= len(qq)<= 10 and not qq.startswith('0'):
    print("QQ 号码正确!")
else:
    print("QQ 号码不正确!")
```

习　题

一、基础题

1. 求列表倒数，如 a=[123,4567,12,3456]，输出 a=[321,7654,21,6543]。

2. 有如下列表，lst=[1,3,2,'a',4, 'b',5, 'c']，利用切片实现每一个功能。

(1) 通过切片获取新的列表 lst2，lst2=[1,2,4,5]。

(2) 通过切片获取新的列表 lst3,lst3=[3, 'a', 'b']。

(3) 通过切片获取新的列表 lst4,lst4=['c']。

(4) 通过切片获取新的列表 lst5,lst5=['b', 'a',3]。

3. 元组元素求和：b=(1,2,3,4,5,6,7,8,9)。

4. 输出元组 b 内 7 的倍数及个位是 7 的数。b=(1,2,3,4,5,6,7,8,9,10,11,12,13,14,15,16,17)。

5. dic = {"k1": "v1", "k2": ["sb", "aa"], (1, 2, 3, 4, 5): {"k3": ["2", 100, "wer"]}},实现下列功能。

(1) k2 对应的值中添加 33。

(2) k2 对应的值的第一个位置插入一个元素"s"。

(3) 将(1,2,3,4,5)对应的值添加一个键值对"k4": "v4"。

(4) 将(1,2,3,4,5)对应的值添加一个键值对(1,2,3): "ok"。

(5) 将"k3"对应值的"wer"改为"qq"。

6. 有如下值 li = [11, 22, 33, 44, 55, 77, 88, 99, 90]，将所有大于 66 的值保存至字典的第一个 key 中，将小于 66 的值保存至第二个 key 的值中。

7. 有如下变量，name="aleX"，请按照要求实现每个功能。

(1) 移除 name 变量对应的值两边的空格，并输出移除后的内容。

(2) 判断 name 变量对应的值是否以 al 开头和以 X 结尾，并输出结果。

(3) 将 name 变量对应的值中的“l”替换为“p”，并输出结果。

(4) 将 name 变量对应的值根据“l”分割，并输出结果。

(5) 将 name 变量对应的值分别变为大写和小写，并输出结果。

(6) 输出 name 变量对应的值的第 2 个字符。

(7) 输出 name 变量对应的值的前 3 个字符。

(8) 输出 name 变量对应的值的后 2 个字符。

(9) 输出 name 变量对应的值中“e”所在索引位置。

8. 经理：曹操、刘备、孙权。技术员：曹操、孙权、张飞、关羽。用集合求：

(1) 既是经理也是技术员的有谁？

(2) 是技术员，但不是经理的有谁？

(3) 是经理，但不是技术员的有谁？

(4) 张飞是经理吗？

(5) 身兼一职的人有谁？

(6) 经理和技术员共有几人？

二、提高题

一个班有若干名学生，每名学生已学习了若干门课程并有考试成绩，把学生姓名(假设没有重名学生)和学习的课程名及考试成绩等信息保存起来，编写程序实现如下功能。

(1) 根据输入的姓名，输出该学生学习的所有课程的课程名及成绩。

(2) 根据输入的课程名，输出学习了该课程的学生姓名及该课程的成绩。

(3) 输出所有不及格成绩的学生姓名及不及格的门数。

(4) 输出所有学生已学习课程的课程名，重复的只输出一次(用集合实现)。

(5) 按平均成绩的高低输出学生姓名及平均成绩。

第5章 函　数

5.1 学习要求

(1) 掌握 Python 中自定义函数的使用方法。

(2) 掌握 Python 中常见内置库函数的使用方法。

5.2 知识要点

5.2.1 使用函数的优点

函数是一组实现某一特定功能的语句集合,是可以重复调用、功能相对独立完整的程序段。使用函数的优点如下:

(1) 程序结构清晰,可读性好。

(2) 减少重复编码的工作量。

(3) 可多人共同编制一个大程序,缩短程序设计周期,提高程序设计和调试的效率。

5.2.2 函数的分类

1. 从用户的使用角度

(1) 库函数(标准函数):由系统提供,在程序前导入该函数原型所在的模块。

使用库函数应注意的事项:函数功能;函数参数的数目和顺序;各参数的意义和类型;函数返回值的意义和类型。

(2) 用户自定义函数:按照用户的需求定义一个函数。

2. 从参数传递的角度

1) 有参函数

下面定义的有参函数 average()有 3 个参数 x,y,z,因此调用时需要传递 3 个实参 a,b,c。

```
def average(x,y,z):
    aver = (x + y + z)/3
    return(aver)
a,b,c = eval(input("please input a,b,c:"))
ave = average(a,b,c)
```

```
print("average = %f" % ave)
```

2) 无参函数

下面定义的 printstar()和 print_message()都是无参函数,调用时不需要传递实参。

```
def printstar():
    print(" ************* ")
def print_message():
    print("How are you! ")
def main():
    printstar()
    print_message()
    printstar()
main()
```

5.2.3 函数的定义与调用

1. 函数定义的一般形式

```
def 函数名([形式参数表]):
    函数体
    [return 表达式]
```

函数定义时要注意:

(1) 采用 def 关键字定义函数,不需要指定返回值的类型。

(2) 函数的参数不限,不需要指定参数类型。

(3) 参数括号后面的冒号":"必不可少。

(4) 函数体相对于 def 关键字必须保持一定的空格缩进。

(5) return 语句是可选的。

2. 函数的调用的一般形式

```
函数名([实际参数表])
```

说明:

(1) 实参可以是常量、变量、表达式、函数等,但在进行函数调用时必须有确定的值。

(2) 函数的实参和形参应在个数、类型和顺序上一一对应。

(3) 对于无参函数,调用时实参表列为空,但()不能省。

【例 5-1】 编写函数,求 3 个数中的最大值。

```
def getMax(a,b,c):
      if a > b:
            max = a
      else:
            max  = b
      if(c > max):
            max  = c
      return max
a,b,c = eval(input("input a,b,c:"))
n = getMax (a,b,c)
```

```
print("max = ",n)
```

注意,在Python中不允许前向引用,即在函数定义之前,不允许调用该函数。

5.2.4 函数的参数和传递方式

形式参数:即形参,定义函数时函数名后面括号中的变量名。

实际参数:即实参,调用函数时函数名后面括号中对应的参数。

说明:

(1) 实参可以是常量、变量和表达式,但必须在函数调用之前有确定的值。

(2) 形参与实参个数相同。

(3) 形参定义时编译系统并不为其分配存储空间,也无初值;只有在函数调用时,临时分配存储空间,接收来自实参的值;函数调用结束,内存空间释放。

1. 单向的值传递

实参和形参之间是单向的值传递。在函数调用时,将各实参表达式的值计算出来,赋给形参变量。因此,实参与形参必须类型相同或赋值兼容,个数相等,一一对应。在函数调用中,即使实参为变量,形参值的改变也不会改变实参变量的值。实参和形参占用不同的内存单元。

【例5-2】 编写一个程序,将主函数中的两个变量的值传递给swap()函数中的两个形参,交换两个形参的值。

```
def swap(a,b):
    a,b = b,a
    print("a = ",a,"b = ",b)
x,y = eval(input("input x,y:"))
swap(x,y)
print("x = ",x,"y = ",y)
```

运行结果:

```
input x,y:3,5
a = 5 b = 3
x = 3 y = 5
```

2. 传地址方式

【例5-3】 函数调用时,将实参数据的存储地址作为参数传递给形参。

```
def swap(a_list):
    a_list[0],a_list[1] = a_list[1],a_list[0]
    print("a_list[0] = ",a_list[0],"a_list[1] = ",a_list[1])
x_list = [3,5]
swap(x_list)
print("x_list[0] = ",x_list[0],"x_list[1] = ",x_list[1])
```

运行结果:

```
a_list[0] = 5 a_list[1] = 3
x_list[0] = 5 x_list[1] = 3
```

3. 位置参数、关键字参数、默认值参数、可变参数的区别

位置参数，即按出现的位置进行普通形式的传参。例如：

```
def f(a,b):                    # 实参 3 传给形参 a,实参 4 传给形参 b
    c = a+b
    return c
ret = f(3,4)
```

关键字参数通过"="明确指定将某个实参传递给某个形参。例如：

```
def f(a,b,c)
    e = a+b+c
f(c=1,b=2,a=3)                 # 实参不再按照位置对应传参
```

默认值参数：定义时直接对形参赋值，如果函数调用时没有对应的实参，则使用默认值，否则仍使用实参值。如果同时有位置参数，默认值参数必须出现在形参表的右端。

可变参数：当需要传入多个参数时，可以用 *args 代表多个参数，不用分别在括号里指定多个参数。

(1) 可变参数可以输入任何类型的数据，数据和数据直接用逗号隔开。

(2) 接收的实参会组合成元组。

例如：

```
def greet(*names):
    print(names)
>>> greet()                    # 没有参数,返回空元组
()
>>> greet('Jordan', 'James', 'Kobe')
('Jordan', 'James', 'Kobe')
```

**kwargs：当需要传入键值对类型的参数时就可以用 **kwargs。

例如：

```
def greet(**all_star):
    print(all_star)
>>> greet()                    # 没有参数,返回空字典
{}
>>> greet(name = 'James', age = 18)
{'name': 'James', 'age': 18}
```

5.2.5 函数的返回

指函数被调用、执行完后，返回给主调函数的值。

函数的返回语句的一般形式：

```
return  表达式
```

功能：使程序控制从被调用函数返回到调用函数中，同时把返回值带给调用函数。

说明：

(1) 函数内可有多条返回语句。

(2) 如果没有 return 语句,会自动返回 None;如果有 return 语句,但是 return 后面没有表达式也返回 None。

【例 5-4】 编写函数,判断一个数是否是素数。

```
def isprime(n):
    for i in range(2,n):
        if(n % i == 0):
            return 0
    return 1
m = int(input("请输入一个整数:"))
flag = isprime(m)
if(flag == 1):
    print(" %d 是素数" % m)
else:
    print(" %d 不是素数" % m)
```

【例 5-5】 求一个数列中的最大值和最小值。

```
def getMaxMin(x):
    max = x[0]
    min = x[0]
    for i in range(0, len(x)):
        if max < x[i]:
            max = x[i]
        if min > x[i]:
            min = x[i]
    return (max,min)
a_list = [ -1,28, -15,5, 10 ]              # 测试数据为列表类型
x,y = getMaxMin(a_list)
print("a_list = ", a_list)
print("最大元素 = ",x, "最小元素 = ",y)
```

5.2.6 函数的递归调用

在函数的执行过程中可以直接或间接调用该函数本身。

1. 直接递归调用

在函数中直接调用函数本身,如图 5-1 所示。

2. 间接递归调用

在函数中调用其他函数,其他函数又调用原函数,如图 5-2 所示。

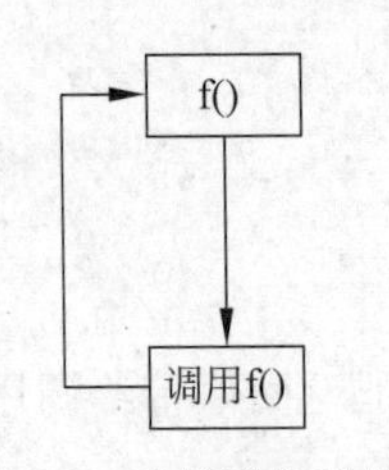

图 5-1 直接递归调用

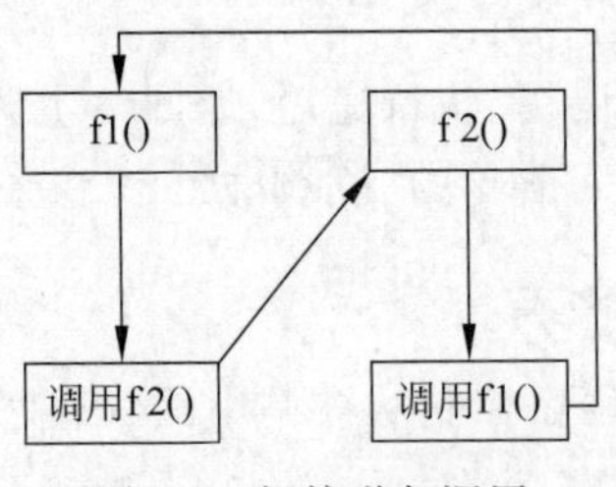

图 5-2 间接递归调用

递归算法有两个基本特征。

(1) 递推归纳：将问题转换为比原问题小的同类规模，归纳出一般递推公式，故所处理的对象要有规律地递增或递减。

(2) 递归终止：当规模小到一定程度时应结束递归调用，逐层返回，常用条件语句来控制何时结束递归。

【例 5-6】 用递归方法求 n 的阶乘。

$$n!=\begin{cases}1 & n=0,1 \\ n*(n-1)! & n>1\end{cases}$$

```
def fac(n):
    if  n == 0:
        f = 1
    else:
        f = fac(n - 1) * n;
    return f
n = int(input("please input n: "))
f = fac(n)
print(" %d!= %d" % (n,f))
```

分析：

递推归纳：$n!\to(n-1)!\to(n-2)!\to\cdots\to2!\to1!$

递归终止：$n=0$ 时，$0!=1$

执行过程(两个阶段)：

第一阶段：逐层调用，调用函数自身。

第二阶段：逐层返回，返回到调用该层的位置。

递归调用是多重嵌套调用的一种特殊情况。

设计递归算法的前提如下所述。

(1) 原问题可以层层分解为类似的子问题，且子问题比原问题规模更小。

(2) 规模最小的问题具有直接解。

方法如下所述。

(1) 寻找分解方法：将原问题转换为子问题求解，例如，$n!=n*(n-1)!$。

(2) 设计递归出口：根据规模最小的子问题确定递归终止条件，例如，求解 $n!$，当 $n=0$ 时，$n!=1$。

5.2.7 变量的作用域

当程序中有多个函数时，定义的每个变量只能在一定的范围内访问，称之为变量的作用域。按作用域划分，将变量分为局部变量和全局变量。

1. 局部变量

在一个函数内或者语句块内定义的变量称为局部变量。局部变量的作用域仅限于定义它的函数体或语句块中。不同函数可以定义同名的局部变量，虽然同名，但却代表不同的变量。

```
def fun1(a):
```

```
    x = a + 10                                  # x 为局部变量
    …
def fun2(a,b):
    x,y = a,b                                   # x,y 为局部变量
    …
```

2. 全局变量

在所有函数之外定义的变量称为全局变量,它可以在多个函数中被引用。

```
x = 30
def func():
    global x                                    # 定义 x 为全局变量
    print('x 的值是', x)                         # x 的值是 30
    x = 20
    print('全局变量 x 改为', x)                   # x 的值是 20
func()
print('x 的值是', x)                             # x 的值是 20
```

5.2.8 模块

将一些常用的功能单独放置到一个文件中,方便其他文件来调用,这些文件即为模块。

从用户的角度看,模块也分为标准库模块和用户自定义模块。

标准库模块:Python 自带的函数模块,包括文本处理、文件处理、操作系统功能、网络通信、网络协议等。

用户自定义模块:用户建立的一个模块,就是建立扩展名为.py 的 Python 程序。

```
def printer(x):
    print(x)
```

将以上程序代码保存成.py 程序,例如 module.py。

导入模块:给出一个访问模块提供的函数、对象和类的方法。

(1) 引入模块。

```
import 模块
```

(2) 引入模块中的函数。

```
from 模块名 import 函数名
```

(3) 引入模块中的所有函数。

```
from 模块名 import *
```

5.2.9 匿名函数、enumerate()函数、zip()函数

对于只有一条表达式语句的函数,可以用关键字 lambda 将其定义为匿名函数(anonymous functions),使得程序简洁,提高可读性。匿名函数定义形式如下:

```
lambda [参数列表]:表达式
```

匿名函数没有函数名，参数可有可无，有参的匿名函数参数个数任意。但是作为函数体的表达式限定为仅能包含一条表达式语句，因此只能表达有限的逻辑。这条表达式的运行结果就作为函数的值返回。

```
s = lambda : "python".upper()        # 定义无参匿名函数,将字母改成大写
f = lambda x : x * 10                # 定义有参匿名函数,将数字扩大 10 倍
print(s())                           # 调用无参匿名函数,注意要加一对()
print(f(7.5))                        # 调用有参匿名函数,传入参数
```

【例 5-7】 把匿名函数作为参数传递的使用方法。

```
points = [(1,7),(3,4),(5,6)]
# 调用 sort()按元素第二列进行升序排序
points.sort(key = lambda point: point[1])
print(points)
```

运行结果：

```
[(3, 4), (5, 6), (1, 7)]
```

【例 5-8】 匿名函数的其他使用方法。

```
>>> f = lambda x,y,z:x + y + z          # 可以给 lambda 表达式起名字
>>> f(1,2,3)                            # 像函数一样调用
6
>>> g = lambda x, y = 2,z = 3: x + y + z  # 默认值参数
>>> g(1)
6
>>> g(2, z = 4, y = 5)                  # 关键字参数
11
>>> L = [(lambda x: x ** 2), (lambda x: x ** 3), (lambda x: x ** 4)]
>>> print(L[0](2),L[1](2),L[2](2))
4 8 16
>>> D = {'f1':(lambda:2 + 3), 'f2':(lambda:2 * 3),
        'f3':(lambda:2 ** 3)}
>>> print(D['f1'](), D['f2'](), D['f3']())
5 6 8
```

【例 5-9】 匿名函数在 sorted()、sort()中的应用。

```
list1 = [('m',12),('b',23),('c',3)]
print(sorted(list1))
print(sorted(list1,key = lambda x:x[1],reverse = True))
dic1 = {'m':12,'b':23,'c':3}
print(sorted(dic1))
print(sorted(dic1.items(),key = lambda x:x[1],reverse = True))
d1 = [
    {'name': 'alice', 'age': 38},
    {'name': 'bob', 'age': 18},
    {'name': 'ctrl', 'age': 28}
     ]
d1.sort(key = lambda x: x['age'])
```

```
print(d1)
```

运行结果：

```
[('b', 23), ('c', 3), ('m', 12)]                          # 按照第一个元素升序
[('b', 23), ('m', 12), ('c', 3)]                          # 按照第二个元素降序
['b', 'c', 'm']                                           # 按照字典的关键字升序
[('b', 23), ('m', 12), ('c', 3)]                          # 按照字典的值降序
[{'name': 'bob', 'age': 18}, {'name': 'ctrl', 'age': 28}, {'name': 'alice', 'age': 38}]
                                                          # 按照 age 升序
```

enumerate()函数用于将一个可遍历的数据对象(如列表、元组或字符串)组合为一个索引序列。

格式：enumerate (sequence, [start = 0])

参数：

sequence：一个序列、迭代器或其他支持迭代对象。

start：下标起始位置。

【例 5-10】 enumerate()函数举例。

```
seasons = ['Spring', 'Summer', 'Fall', 'Winter']
print(list(enumerate(seasons)))
print(list(enumerate(seasons, start = 1)))              # 下标从 1 开始
```

运行结果：

```
[(0, 'Spring'), (1, 'Summer'), (2, 'Fall'), (3, 'Winter')]
[(1, 'Spring'), (2, 'Summer'), (3, 'Fall'), (4, 'Winter')]
```

zip()函数用于将可迭代对象对应元素打包成元组，返回由这些元组组成的列表或迭代器，返回列表长度与最短对象相同。

【例 5-11】 zip()函数举例。

```
a = [1,2,3]
b = [4,5,6]
c = [4,5,6,7,8]
print(type(zip(a,b)))                                   # <class 'zip'>
print(list(zip(a,b)))                                   # [(1,4),(2,5),(3,6)]
print(list(zip(a,c)))                                   # [(1,4),(2,5),(3,6)]
```

【例 5-12】 利用 zip()函数实现字典键值互换。

```
d = {'a':1,'b':2,'c':3}
dic2 = dict(zip(d.values(),d.keys()))
print(dic2)                                             # {1: 'a', 2: 'b', 3: 'c'}
```

5.2.10 高阶函数

高阶函数是在 Python 中一个非常有用的功能函数。一个函数可以用来接收另一个函数作为参数，这样的函数叫作高阶函数。

1. map ()函数

map()函数是 Python 内置的高阶函数，它接收一个函数和可迭代对象，并通过把函数依次作用于后者，得到一个迭代器并返回。

【例 5-13】 假设用户输入的英文名字不规范，没有按照首字母大写，可以利用 map()函数进行规范。

```
def format_name(s):
    return s.capitalize()
result = map(format_name, ['adam', 'LISA', 'barT'])
print(list(result))
```

运行结果：

```
['Adam', 'Lisa', 'Bart']
```

【例 5-14】 map()函数接收 lambda 函数。

```
a = [4,5,6,7]
b = map(lambda x:x ** 2,a)
print(list(b))
```

运行结果：

```
[16, 25, 36, 49]
```

2. filter ()函数

filter()函数接收一个函数和可迭代对象，并通过函数依次作用后者上，但是只有函数返回为真时才会保留。

【例 5-15】 filter()函数接收 lambda 函数。

```
a = [4,5,6,7]
b = filter(lambda x:x % 2 == 0,a)
print(list(b))
```

运行结果：

```
[4, 6]
```

可以看出，和 map()函数全部保留相比，filter()函数只会保留符合要求的部分。

3. reduce ()函数

reduce()函数和 map()函数一样，可以接收两个参数：第一个是函数；第二个是可迭代对象 iterable，不同的是 reduce()函数把结果继续和可迭代对象的下一个元素做积累运算。

【例 5-16】 利用 reduce()函数进行累加。

```
from functools import reduce
def f(x, y):
    return x + y
result = reduce(f, [1, 3, 5, 7, 9])
print(result)
```

运行结果：

```
25
```


分析：reduce()函数使用起来比较特殊，为了更好地理解例 5-16，下面详细拆解进行介绍。当调用 reduce(f,[1,3,5,7,9])时，reduce()函数将做如下计算。

由于 f()函数的功能是计算两个元素的值，因此先计算前两个元素 f(1,3)，结果为 4；

再把结果和第 3 个元素计算 f(4,5)，结果为 9；

再把结果和第 4 个元素计算 f(9,7)，结果为 16；

再把结果和第 5 个元素计算 f(16,9)，结果为 25；

由于没有更多的元素了，计算结束，返回结果 25。

reduce()还可以接收第 3 个可选参数，作为计算的初始值。如果把初始值设为 500，计算 reduce(f,[1,3,5,7,9],500)结果将变为 525，因为第一轮计算是计算初始值和第一个元素 f(500,1)，结果为 501。

视频讲解

5.3 应用举例

【例 5-17】 利用函数采取插入排序法将 10 个数据从小到大进行排序。

```
def insert_sort(array):
    for i in range(1, len(array)):
        if array[i - 1] > array[i]:
            temp = array[i]
            index = i
            while index > 0 and array[index - 1] > temp:
                array[index] = array[index - 1]
                index -= 1
            array[index] = temp
b = input("请输入一组用逗号分隔的数据: ")
array = [ ]
for i in b.split(','):
    array.append(int(i))
print("排序前的数据: ")
print(array)
insert_sort(array)
print("排序后的数据: ")
print(array)
```

习　　题

一、基础题

1. 编写函数，计算圆的面积。

2. 编写函数，计算传入字符串中数字、字母、空格以及其他类型字符的个数。

3. 编写函数，判断用户传入的对象(字符串、列表、元组)长度是否大于 5。

4. 编写函数，检查传入列表的长度，如果大于 2，那么仅保留前两个长度的内容，并将新内容返回给调用者。

5. 编写函数，检查传入字典的每一个 value 的长度，如果大于 2，那么仅保留前两个长度的内容，并将新内容返回给调用者。

6. 编写函数，检查获取传入列表或元组对象的所有奇数位索引对应的元素，并将其作为新列表返回给调用者。

二、提高题

1. 编写函数，接收任意多个实数，返回一个元组，其中第一个元素为所有参数的平均值，其他元素为所有参数中大于平均值的实数。

2. 编写函数，接收字符串参数，返回一个列表，其中第一个元素为大写字母个数，第二个元素为小写字母个数。

3. 编写程序，将一个由键盘输入的十进制数转换为十六进制数并输出，进制转换设计成函数形式。

第6章 文件处理

6.1 学习要求

(1) 掌握 Python 文件的使用方法。

(2) 掌握文件的读写、定位等常用操作。

6.2 知识要点

6.2.1 文件的定义和分类

文件是指存放在外部存储介质(如磁盘、光盘、磁带等)中的一组相关信息的集合,可以长期将数据保存下来,以文本或二进制形式存放。

文件存储数据的形式可以分为以下两种。

(1) 文本文件。

文本文件存储中西文字符、数字和标点符号等。此种存储形式便于输出显示,一般可以使用文本编辑工具打开。

(2) 二进制文件。

二进制文件中的数据按照在内存中的二进制存储格式存放,此种存储形式节省存储单元。普通文本编辑工具一般无法打开或编辑。

例如,将整数 1949 分别存储在这两种数据文件中。

文本文件:占用 4 字节。

00110001	00111001	00110100	00111001
'1'	'9'	'4'	'9'

二进制文件:补码占用 2 字节。

00000111	10011101

6.2.2 文件的打开和关闭

打开文件:建立用户程序与文件的联系,为文件分配一个文件缓冲区。

关闭文件：切断文件与程序的联系，释放文件缓冲区。

1. 文件打开

常用的调用形式：

```
文件对象 = open(文件名[,打开方式][,缓冲区])
```

假设有一个名为 somefile.txt 的文本文件，存放在 c:\text 下，打开文件方法：

```
>>> x = open("c:\\text\\somefile.txt","r",buffering = 1024)
```

文件的打开方式如表 6-1 所示。

表 6-1　文件的打开方式

模　式	描　述
r	以只读方式打开文件。文件的指针将会放在文件的开头。这是默认模式
rb	以二进制格式打开一个文件用于只读。文件指针将会放在文件的开头。这是默认模式
r+	打开一个文件用于读写。文件指针将会放在文件的开头
rb+	以二进制格式打开一个文件用于读写。文件指针将会放在文件的开头
w	打开一个文件只用于写入。如果该文件已存在，则将其覆盖。如果该文件不存在，则创建新文件
wb	以二进制格式打开一个文件只用于写入。如果该文件已存在，则将其覆盖。如果该文件不存在，则创建新文件
w+	打开一个文件用于读写。如果该文件已存在，则将其覆盖，如果该文件不存在，则创建新文件
wb+	以二进制格式打开一个文件用于读写。如果该文件已存在，则将其覆盖。如果该文件不存在，则创建新文件
a	打开一个文件用于追加。如果该文件已存在，文件指针将会放在文件的结尾。也就是说，新的内容将会被写入已有内容之后。如果该文件不存在，则创建新文件进行写入
ab	以二进制格式打开一个文件用于追加。如果该文件已存在，文件指针就会放在文件的结尾。也就是说，新的内容将会被写入已有内容之后。如果该文件不存在，则创建新文件进行写入
a+	打开一个文件用于读写。如果该文件已存在，文件指针就会放在文件的结尾。文件打开时会是追加模式。如果该文件不存在，则创建新文件用于读写
ab+	以二进制格式打开一个文件用于追加。如果该文件已存在，文件指针就会放在文件的结尾。如果该文件不存在，则创建新文件用于读写

2. 文件关闭

```
文件对象名.close()
```

3. 使用上下文管理器

```
with context_expression [as var]:
    语句块
```

之前使用过 open()函数操作文件，但是使用 open()函数打开文件后还需要关闭文件。其实还可以更方便地打开文件，即 Python 提供的上下文管理工具 with open()…as，当 with 的语句块执行完将自动关闭打开的文件。

```
with open('c:\\text\\somefile.txt','r',encoding = 'utf8') as f1:
    print(f1.read())
```

6.2.3 文件的读写

读写文件是指对文件的读、写、追加和定位操作。

1. 文本文件的读取

1）read()方法

格式：

```
文件对象.read()
```

或

```
文件对象.read([size])
```

例如,如果有文件 e:\file1.txt,则采用 read()方法读取整个文件内容。

```
fp = open("e:\\file1.txt", "r")
string1 = fp.read()
```

2）readline()方法

格式：`文件对象.readline()`

读取从当前位置到行末的所有字符,包括行结束符,即每次读取一行,当前位置移到下一行。如果当前处于文件末尾,则返回空串。

3）readlines()方法

格式：`文件对象.readlines()`

读取从当前位置到文件末尾的所有行,并将这些行保存在一个列表变量中,每行作为一个元素。如果当前文件处于文件末尾,则返回空列表。

2. 文本文件的写入

1）write()方法

格式：`文件对象.write (字符串)`

例如,在文件当前位置写入字符串,并返回写入的字符个数。

```
>>> fp = open("e:\\file1.txt", "w")
>>> fp.write("Python")
```

2）writelines()方法

格式：`文件对象.writelines (字符串元素的列表)`

例如,在文件的当前位置处依次写入列表中的所有元素。

```
>>> fp.open("e:\\file3.txt", "w")
>>> fp.writelines(["Python","Python programming"] )
```

3. 二进制文件写入

1）pack()方法

格式：`pack(格式串,数据对象表)`

例如，将数字转换为二进制的字符串。

```
>>> import struct
>>> x = 100
>>> y = struct.pack('i',x)
>>> y
b'd\x00\x00\x00'
>>> len(y)
4
```

将 y 写入文件：

```
>>> fp = open("e:\\file2.txt","wb")
>>> fp.write(y)
4
>>> fp.close()
```

【例 6-1】 将一个整数、一个浮点数和一个布尔型对象存入一个二进制文件中。

```
import struct
i = 12345
f = 2017.2017
b = False
# 下面语句单引号中 i 表示整数,f 表示浮点数,?表示布尔型
string = struct.pack('if?',i,f,b)
fp = open("e:\\string1.txt","wb")
fp.write(string)
fp.close()
```

2）dump()方法

格式：dump(数据,文件对象)

例如，将数据对象转换为字符串，然后再保存到文件中。

```
>>> import pickle
>>> x = 100
>>> fp = open("e:\\file3.txt","wb")
>>> pickle.dump(x,fp)
>>> fp.close()
```

【例 6-2】 将一个整数、一个浮点数和一个布尔型对象存入一个二进制文件中（使用dump()方法）。

```
import pickle
i = 12345
f = 2017.2017
b = False
fp = open("e:\\string2.txt","wb")
pickle.dump(i,fp)
pickle.dump(f,fp)
pickle.dump(b,fp)
fp.close()
```

4. 二进制文件读取

使用pack()方法写入文件的内容应该使用read()方法读出相应的字符串，然后通过unpack()方法还原数据；使用dump()方法写入文件的内容应使用pickle模块的load()方法还原数据。

1）unpack()方法

格式：unpack(格式串,字符串表)

例如，下面将“字符串表”转换为“格式串”指定的数据类型，该方法返回一个元组。

```
>>> import struct
>>> fp = open("e:\\file2.txt","rb")
>>> y = fp.read()
>>> x = struct.unpack('i',y)
>>> x
(100,)
```

【例6-3】 读取例6-1中string1.txt文件内容。

```
import struct
fp = open("e:\\string1.txt","rb")
string = fp.read()
a_tuple = struct.unpack('if?',string)
print("a_tuple = ",a_tuple)
i = a_tuple[0]
f = a_tuple[1]
b = a_tuple[2]
print("i = %d,f = %f" % (i,f))
print("b = ",b)
fp.close()
```

2）load()方法

格式：load(文件对象)

例如，从二进制文件中读取字符串，并将字符串转换为Python的数据对象，该方法返回还原后的字符串。

```
>>> import pickle
>>> fp = open("e:\\file3.txt","rb")
>>> x = pickle.load(fp)
>>> fp.close()
>>> x
100
```

【例6-4】 读取例6-2中string2.txt文件内容。

```
import pickle
fp = open("e:\\string2.txt","rb")
while True:
    try:
        print(pickle.load(fp))
    except:
        break
```

```
fp.close()
```

运行结果：

```
12345
2017.2017
False
```

6.2.4 文件的定位

1. tell ()方法

格式：文件对象.tell()

功能：获取文件的当前指针位置。

```
>>> fp = open("e:\\file1.txt","r")
>>> fp.tell()
0
>>> fp.read(10)
>>> fp.tell()
10
```

2. seek ()方法

格式：文件对象.seek(offset,whence)

功能：把文件指针移动到相对于 whence 的 offset 位置。

说明：offset 表示偏移量，也就是代表需要移动偏移的字节数，注意是按照字节计算的，字符编码保存每个字符所占的字节长度不一样。whence 参数可选，默认值为 0，表示要从哪个位置开始偏移；0 代表从文件开头开始算起，1 代表从当前位置开始算起，2 代表从文件末尾算起。

```
>>> fp = open("e:\\file1.txt","r")
>>> fp.read()                    # 读取整个文件内容,文件指针移动到文件末尾
'Python'
>>> fp.read()                    # 再次读取文件内容,返回空串
''
>>> fp.seek(0, 0)                # 以文件开始作为基准点,向文件末尾方向移动 0 个字节
0
>>> fp.read()                    # 文件指针移动之后再次读取
'Python'
```

【例 6-5】 tell()方法和 seek()方法举例。

```
filename = input("请输入文件名:")
fp = open(filename,"r")
curpos = fp.tell()
print("the begin of %s is %d" % (filename,curpos))
fp.seek(0,2)
length = fp.tell()
print("the end begin of %s is %d" % (filename,length))
```

运行结果：

```
请输入文件名:e:\file1.txt
the begin of e:\file1.txt is 0
the end begin of e:\file1.txt is 6
```


6.2.5 OS模块中关于文件/目录的常用函数

Python的OS模块中,关于文件/目录的常用函数及使用方法如表6-2所示。

表6-2 文件/目录的常用函数及使用方法

函数名	使用方法
getcwd()	返回当前工作目录
chdir(path)	改变工作目录
listdir(path)	列举指定目录中的文件名
mkdir(path)	创建单层目录,若该目录已存在则抛出异常
makedirs(path)	递归创建多层目录,若该目录已存在则抛出异常。注意:'E:\\a\\b'和'E:\\a\\c'并不会冲突
remove(path)	删除文件
rmdir(path)	删除单层目录,若该目录非空则抛出异常
removedirs(path)	递归删除目录,从子目录到父目录逐层尝试删除,遇到目录非空则抛出异常
rename(old, new)	将文件old重命名为new
system(command)	运行系统的shell命令
walk(top)	遍历top路径以下所有的子目录,返回一个三元组:(路径,[包含目录],[包含文件])

6.3 应用举例

视频讲解

【例6-6】 把一个包含两列内容的文件input.txt分割成col1.txt和col2.txt两个文件,每个文件一列内容。

```
def split_file(filename):
    col1 = []
    col2 = []
    fd = open(filename)
    text = fd.read()
    lines = text.splitlines()          # 返回一个包含各行作为元素的列表
    for line in lines:
        part = line.split(None, 1)
        col1.append(part[0])
        col2.append(part[1])
    return col1, col2
def write_list(filename, alist):
    fd = open(filename, 'w')
    for line in alist:
        fd.write(line + '\n')
filename = 'input.txt'
col1, col2 = split_file(filename)
```

```
write_list('col1.txt', col1)
write_list('col2.txt', col2)
```

【例 6-7】 将 1～9999 的素数分别写入 3 个文件中(1～99 的素数保存在 a.txt 中,100～999 之间的素数保存在 b.txt 中,1000～9999 的素数保存在 c.txt 中),其中判断素数设计为 isprime()函数,3 个文件名存放在列表 fflist 中。

```
from math import sqrt
def isprime(n):
    for i in range(2,int(sqrt(n)) + 1):
        if n % i == 0:
            return False
    return True
fflist = ['a.txt', 'b.txt', 'c.txt']
fflist_obj = []
for filename in fflist:
    fflist_obj.append(open(filename, 'w', encoding = 'utf - 8'))
for i in range(2, 10000):
    if isprime(i):
        if i < 100:
            fflist_obj[0].write(str(i) + '\n')
        elif i < 1000:
            fflist_obj[1].write(str(i) + '\n')
        else:
            fflist_obj[2].write(str(i) + '\n')
for fs in fflist_obj:
    fs.close()
print('操作完成!')
```

习　　题

一、基础题

1. 从键盘输入一些字符,逐个把它们写到磁盘文件上,直到输入一个 # 为止。

2. 从键盘输入一个字符串,将小写字母全部转换为大写字母,然后输出到一个磁盘文件 test.txt 中保存。

3. 编写程序,将包含学生成绩的字典保存为二进制文件,然后再读取内容并显示。

4. 用户输入一个目录和一个文件名,搜索该目录及其子目录中是否存在该文件(获取用户的文件路径,用 os.walk()函数搜索)。

二、提高题

1. 有两个磁盘文件 A.txt 和 B.txt,各存放一行字符,编写程序把这两个文件中的信息合并,并按字母顺序排列,输出到一个新文件 C.txt 中。

2. 读取小说 mm.txt,打印前 10 个最常见单词。

3. 把一个数字的列表从小到大排序,写入文件,从文件中读出文件内容,然后反序,再追加到文件的下一行。

第7章 异常处理

7.1 学习要求

(1) 掌握 Python 中异常处理的操作方法。
(2) 了解常见的异常错误类型。

7.2 知识要点

7.2.1 异常处理的定义

异常处理就是在编写 Python 程序时经常看到的报错信息，例如，NameError、TypeError、ValueError 等，这些都是异常。

异常是一个事件，该事件会在程序执行过程中发生，影响程序的正常执行。一般情况下，在 Python 中无法处理程序时就会发生异常，异常是 Python 的一个对象，表示一个错误。当 Python 脚本发生异常时，需要捕获并处理异常，否则程序就会终止执行。

7.2.2 异常处理的基本思路

当 Python 脚本出现异常时怎么处理呢?

就如使用的工具出现了一点毛病，可以想办法修理好它，程序也是一样。之前的前辈们经过不断的积累与思考，创造了很多好的方法处理程序中出现的异常，本章就讲一下使用 try 语句处理异常。

try 语句与 except 语句相结合使用，用来检测 try 语句块中的错误，从而让 except 语句捕获异常信息并处理。如果不想在发生异常时结束程序，就需要在 try 语句中捕获异常。

程序中常见的错误分为 3 种：语法错误、编译错误、系统错误。

例如，使用不存在的字典关键字，将引发 KeyError 异常；搜索列表中不存在的值，将引发 ValueError 异常；调用不存在的方法，将引发 AttributeError 异常；引用不存在的变量，将引发 NameError 异常；未强制转换就混用数据类型，将引发 TypeError 异常；除数为 0，将引发 ZeroDivisionError 异常。例如：

```
>>> 10 * (3/0)
Traceback (most recent call last):
  File "<pyshell#0>", line 1, in <module>
```

```
    10 * (3/0)
ZeroDivisionError: division by zero
```

7.2.3 try…except 语句

1. try…except 语句的简单形式

```
try:
    语句块
except:
    异常处理语句块
```

【例 7-1】 除数为 0 的异常处理。

```
numbers = [0.33,2.5,0,100]
for x in numbers:
    print(x)
    try:
        print(1.0/x)
    except ZeroDivisionError:
        print("除数不能为零")
```

运行结果：

```
0.33
3.0303030303030303
2.5
0.4
0
除数不能为零
100
0.01
```

2. 带有多个 except 的 try…except 语句

一般形式：

```
try:
    语句块
except 异常类型 1:
    异常处理语句块 1
except 异常类型 2:
    异常处理语句块 2
…
except 异常类型 n:
    异常处理语句块 n
except:
    异常处理语句块
else:
    语句块
```

【例 7-2】 带有多个 except 的异常处理。

```
try:
```

```
    x = input("请输入被除数:")
    y = input("请输入除数:")
    a = int(x)/float(y) * z
except ZeroDivisionError:
    print("除数不能为零")
except NameError:
    print("变量不存在")
else:
    print(x,"/",y," = ",z)
```

运行结果：

```
请输入被除数:3
请输入除数:4
变量不存在
```

再次运行的结果：

```
请输入被除数:3
请输入除数:0
除数不能为零
```

3. try…except…finally 语句结构

一般形式：

```
try:
    语句块:
except:
    异常处理语句块
finally:
    语句块
```

说明：无论有无异常发生，都会执行 finally 后面的语句块。

4. 主动抛出异常

使用 raise 语句主动抛出异常的意思是开发者可以自己制造程序异常，这里的程序异常不是指发生了内存溢出、列表越界访问等系统异常，而是指程序在执行过程中，发生了用户输入的数据与要求数据不符、用户操作错误等问题，这些问题都需要程序进行处理并给出相应的提示。处理这些问题多使用判断语句，在判断语句体内进行相应的问题处理。如果处理问题的语句过多，就会导致代码复杂化，代码结构不够清晰。在这种情况下，可以使用 raise 语句主动抛出异常，由异常处理语句块进行处理。

一般形式：

```
raise [exceptionName [(reason)]]
```

其中，用 [] 括起来的为可选参数，其作用是指定抛出的异常类名称，以及异常信息的相关描述。如果可选参数全部省略，则 raise 会把当前错误原样抛出；如果仅省略 (reason)，则在抛出异常时，将不附带任何异常描述信息。

5. else 子句

try…except 语句还有一个可选的 else 子句，如果使用这个子句，那么必须放在所有的 except 子句之后。这个子句将在 try 子句没有发生任何异常的时候执行。

```
try:
    f = open('a.txt','r')
exceptIOError:
    print('cannot open')
except:
    print('other ERR')
else:
    print('file close')
f.close()
```

6. 断言与上下文管理

一般形式：

```
assert expression[,reason]
```

处理过程：首先判断表达式 expression 的值，如果为 True，则什么都不做；如果为 False，则断言不通过，抛出异常。

【例 7-3】 判断素数的断言处理。

```
def isPrime(n):
    assert n >= 2
    from math import sqrt
    for i in range(2, int(sqrt(n)) + 1):
        if n % i == 0:
            return False
    return True
n = int(input("请输入一个整数: "))
flag = isPrime(n)
if flag == True:
    print("%d是素数" % n)
else:
    print("%d不是素数" % n)
```

运行结果：

```
请输入一个整数: 1
Traceback (most recent call last):
  File "C:\Users\Administrator\Desktop\python练习\1.py", line 9, in <module>
    flag = isPrime(n)
  File "C:\Users\Administrator\Desktop\python练习\1.py", line 2, in isPrime
    assert n >= 2
AssertionError
```

7.2.4 Python 标准异常

Python 标准异常如表 7-1 所示。

表 7-1 Python 标准异常

异常名称	描述
BaseException	所有异常的基类
SystemExit	解释器请求退出

续表

异常名称	描　述
KeyboardInterrupt	用户中断执行(通常是输入^C)
Exception	常规错误的基类
StopIteration	迭代器没有更多的值
GeneratorExit	生成器(generator)发生异常来通知退出
StandardError	所有的内建标准异常的基类
ArithmeticError	所有数值计算错误的基类
FloatingPointError	浮点计算错误
OverflowError	数值运算超出最大限制
AssertionError	断言语句失败
AttributeError	对象没有这个属性,访问某个对象的不存在的属性时
IndexError	序列中没有此索引(index)
KeyError	查找字典中不存在的关键字
NameError	未声明/初始化对象 (没有属性),访问不存在的变量
OSError	操作系统错误,例如,打开一个不存在的文件,FileNotFoundError 就是 OSE 的子类
SyntaxError	Python 语法错误
TypeError	对类型无效的操作,类型不同是不能相互进行计算的
ZeroDivisionError	除零
EOFError	没有内建输入,到达 EOF 标记
EnvironmentError	操作系统错误的基类
IOError	输入输出操作失败
WindowsError	系统调用失败
ImportError	导入模块/对象失败
LookupError	无效数据查询的基类
MemoryError	内存溢出错误
UnboundLocalError	访问未初始化的本地变量
ReferenceError	弱引用(weak reference)试图访问已经垃圾回收了的对象
RuntimeError	一般的运行时错误
NotImplementedError	尚未实现的方法
IndentationError	缩进错误
TabError	Tab 和空格混用
SystemError	一般的解释器系统错误
ValueError	传入无效的参数
UnicodeError	与 Unicode 相关的错误
UnicodeDecodeError	Unicode 解码时的错误
UnicodeEncodeError	Unicode 编码时错误
UnicodeTranslateError	Unicode 转换时错误
Warning	警告的基类
DeprecationWarning	关于被弃用的特征的警告
FutureWarning	关于构造将来语义会有改变的警告
OverflowWarning	旧的关于自动提升为长整型(long)的警告
PendingDeprecationWarning	关于特性将会被废弃的警告

续表

异常名称	描　述
RuntimeWarning	可疑的运行时行为(runtime behavior)的警告
SyntaxWarning	可疑的语法的警告
UserWarning	用户代码生成的警告

7.3 应用举例

视频讲解

【例 7-4】 用户登录判断：分别输入用户名和密码，如果用户名不是 John 或者密码不是 123456，则主动抛出异常，输出错误原因；如果登录成功，则显示“登录成功！”

```
try:
    print('请输入用户名: ')
    username = input('>>:')
    if (username != 'John'):
        raise Exception('用户名输入错误')
    print('请输入登录密码: ')
    psw = input('>>:')
    if (psw != '123456'):
        raise Exception('密码输入错误')
except Exception as e:
    print(e)
else:
    print('登录成功!')
```

习　题

1. 编写一个计算减法的方法，当第一个数小于第二个数时，抛出“被减数不能小于减数”的异常。
2. 使用异常处理猜数字游戏，若输入非整数，则抛出异常。
3. 统计 123.txt 文件中单词的个数，若文件未找到，则抛出异常。

```
FileNotFoundError          # 文件未找到异常
123.txt:
I love Python
I love Python
I love Python
I love Python
```

第8章 面向对象程序设计

8.1 学习要求

(1) 掌握面向对象程序设计的思想。

(2) 掌握 Python 中面向对象程序设计的操作方法。

8.2 知识要点

8.2.1 面向对象程序设计中的术语

面向对象编程是 Python 采用的基本编程思想,它可以将属性和代码集成在一起,定义为类,从而使程序设计更加简单、规范、有条理。本章将介绍如何在 Python 中使用类和对象。

在日常生活中,要描述一个事务,既要说明它的属性,也要说明它所能进行的操作。

在面向对象程序设计中,将事务的属性和方法都包含在类中,而对象则是类的一个实例。如果将人定义为类的话,那么某个具体的人就是一个对象。不同的对象拥有不同的属性值。

下面介绍面向对象程序设计中常用的术语。

1. 对象

面向对象程序设计思想可以将一组数据和与这组数据有关操作组装在一起,形成一个实体,这个实体就是对象(object)。

2. 类

具有相同或相似性质的对象的抽象就是类(class)。因此,对象的抽象是类,类的具体化就是对象。例如,如果人类是一个类,则一个具体的人就是一个对象。

3. 封装

将数据和操作捆绑在一起,定义一个新类的过程就是封装。

4. 继承

继承是类之间的关系,在这种关系中,一个类共享了一个或多个其他类定义的结构和行为。继承描述了类之间的关系。

子类可以对基类的行为进行扩展、覆盖、重定义。如果人类是一个类,则可以定义一个子类“男人”。“男人”可以继承人类的属性(如姓名、身高、年龄等)和方法(即动作,如吃饭和走路等)，在子类中就无须重复定义了。从同一个类中继承得到的子类也具有多态性，即相同的函数名在不同子类中有不同的实现。

5. 方法

方法也称为成员函数，是指对象上的操作，作为类声明的一部分来定义。方法定义了对一个对象可以执行的操作。

6. 构造函数

构造函数是一种成员函数，用来在创建对象时初始化对象。

7. 析构函数

析构函数与构造函数相反，当对象脱离其作用域时(例如，对象所在的函数已调用完毕)，系统自动执行析构函数。析构函数往往用来做“清理善后”的工作。

8.2.2 Python的类和对象

1. 声明类

在Python中，可以使用class关键字来声明一个类，其基本语法如下：

```
class 类名:
    成员变量
    成员函数
```

同样，Python使用缩进标识类的定义代码。

例如，定义一个类Person。

```
class Person:
    def SayHello(self):
        print("Hello!")
```

在类Person中，定义了一个成员函数SayHello()，用于输出字符串"Hello!"。

在成员函数SayHello()中有一个参数self。这也是类的成员函数(方法)与普通函数的主要区别。

1) self

类的成员函数必须有一个参数self，而且位于参数列表的开头。self就代表类的实例(对象)自身。可以使用self引用类的属性和成员函数。

2) 定义类的对象

对象是类的实例。只有定义了具体的对象，才能使用类。Python创建对象的方法如下：

```
对象名 = 类名()
```

例如，下面的代码定义了一个类Person的对象p。

```
p = Person()
```

p实际相当于一个变量，可以使用它来访问类的成员变量和成员函数。例如：

```
class Person:
    def SayHello(self):
```

```
        print("Hello!")
p = Person()
p.SayHello()
```


程序定义了类 Person 的一个对象 p,然后使用它来调用类 Person 的成员函数 SayHello()。运行结果:

```
Hello!
```

2. 成员变量

在类定义中,可以定义成员变量并同时对其赋初始值。

例如,定义一个类 MyString,定义成员变量 str,并同时对其赋初始值。

```
class MyString:
    str = "MyString"
    def output(self):
        print(self.str)          # 在类的成员函数中使用 self 引用成员变量
s = MyString()
s.output()
```

运行结果:

```
MyString
```

Python 使用下画线作为变量前缀和后缀来指定特殊变量,规则如下所述。

(1) __xxx__表示系统定义名字。

(2) __xxx 表示类中的私有变量名。

类的成员变量可以分为两种情况:一种是公有变量;另一种是私有变量。公有变量可以在类的外部访问,它是类与用户之间交流的接口。用户可以通过公有变量向类中传递数据,也可以通过公有变量获取类中的数据。在类的外部无法访问私有变量,从而保证类的设计思想和内部结构并不完全对外公开。在 Python 中除了__xxx 格式的成员变量外,其他的成员变量都是公有变量。

3. 构造函数

构造函数是类的一个特殊函数,它拥有一个固定的名称,即__init__(注意,函数名是以两个下画线开头和两个下画线结束的)。当创建类的对象实例时,系统会自动调用构造函数,通过构造函数对类进行初始化操作。

在 MyString 类中使用构造函数的实例如下:

```
class MyString:
    def __init__(self):
        self.str = "MyString"
    def output(self):
        print(self.str)
s = MyString()
s.output()
```

在构造函数中,程序对公有变量 str 设置了初始值。可以在构造函数中使用参数,通常使用参数来设置成员变量(特别是私有变量)的值。

在类 UserInfo 中使用带参数的构造函数：

```
class UserInfo:
    def __init__(self,name,pwd):
        self.username = name                    # 公有变量
        self.__pwd = pwd                        # 私有变量
    def output(self):
        print("用户：" + self.username + "\n密码：" + self.__pwd)
u = UserInfo("admin","123456")
u.output()
```

运行结果：

```
用户：admin
密码：123456
```

4. 析构函数

Python 析构函数有一个固定的名称，即__del__。通常在析构函数中释放类所占用的资源。使用 del 语句可以删除一个对象，释放它所占用的资源。在实例对象被回收时将调用析构函数。

使用析构函数的一个实例：

```
class MyString:
    def __init__ (self):                        # 构造函数
        self.str = "MyString"
    def __del__(self):                          # 析构函数
        print("byebye~")
    def output(self):
        print(self.str)
s = MyString()
s.output()
del s                                           # 删除对象
```

运行结果：

```
MyString
byebye~
```

5. 静态变量

Python 不需要显式定义静态变量，任何公有变量都可以作为静态变量使用。访问静态变量的方法：

```
类名.变量名
```

虽然也可以通过对象名访问静态变量，但是同一个变量，通过类名访问与通过对象名访问的实例不同，而且不互相干扰。

下面定义一个类 Users，使用静态变量 online_count 记录当前在线的用户数量。

```
class Users:
    online_count = 0
    # 构造函数，创建对象时 Users.online_count 加 1
```

```
    def __init__(self):
        Users.online_count += 1
    # 析构函数,释放对象时 Users.online_count 减 1
    def __del__(self):
        Users.online_count -= 1
a = Users()                                    # 创建 Users 对象 a
a.online_count += 1
print(a.online_count)
print(Users.online_count)
```

运行结果:

```
2
1
```

6. 静态方法的使用

与静态变量相同,静态方法只属于定义它的类,而不属于任何一个具体的对象。静态方法具有如下特点:

(1) 静态方法无须传入 self 参数,因此在静态方法中无法访问实例变量。

(2) 在静态方法中不可以直接访问类的静态变量,但可以通过类名访问静态变量。

因为静态方法既无法访问实例变量,也不能直接访问类的静态变量,所以静态方法与定义它的类没有直接关系,而是起到了类似函数工具库的作用。

使用装饰符@staticmethod 定义静态方法:

```
class 类名:
    @staticmethod
    def 静态方法名():
        方法体
```

可以通过对象名调用静态方法,也可以通过类名调用静态方法。而且这两种方法没有区别。

```
class MyClass:                                 # 定义类
    var1 = 'String 1'
    @staticmethod                              # 静态方法
    def staticmd():
        print("我是静态方法")
MyClass.staticmd()
c = MyClass()
c.staticmd()
```

程序中分别使用类和对象调用静态方法 staticmd(),运行结果如下:

```
我是静态方法
我是静态方法
```

7. 类方法的使用

类方法是 Python 的一个新概念。类方法具有如下特性:

(1) 与静态方法一样,可以使用类名调用类方法。

(2) 类方法需传入代表本类的 cls 参数。

(3) 与静态方法一样,类成员方法也无法访问实例变量,但可以通过类名访问类的静态变量。

使用装饰符@classmethod 定义类方法:

```
class 类名:
    @classmethod
    def 类方法名(cls):
        方法体
```

可以通过对象名调用类方法,也可以通过类名调用类方法。而且这两种方法没有什么区别。

类方法有一个参数 cls,代表定义类方法的类,可以通过 cls 访问类的静态变量。

```
class MyClass:                          # 定义类
    val1 = 'String 1'
    def __init__(self):
        self.val2 = 'Value 2'
    @classmethod                        # 类方法
    def classmd(cls):
        print(cls.val1)                 # 通过参数 cls 访问类的静态变量
MyClass.classmd()
c = MyClass()
c.classmd()
```

运行结果:

```
String 1
String 1
```

8. 使用 isinstance ()函数判断对象类型

```
class MyClass:                          # 定义类
    val1 = 'String 1'
    def __init__(self):
        self.val2 = 'Value 2'
c = MyClass()
print(isinstance(c,MyClass))
l = [1,2,3,4]
print(isinstance(l,list))
```

运行结果:

```
True
True
```

8.2.3 类的继承和多态

1. 继承

继承和多态是面向对象程序设计思想的重要机制。类可以继承其他类的内容,包括成员变量和成员函数。而从同一个类中继承得到的子类也具有多态性,即相同的函数名在不同子类中有不同的实现。就如同子女会从父母那里继承到人类共有的特性,而子女也具有自己的特性。

通过继承机制,用户可以很方便地继承其他类的工作成果。如果有一个设计完成的类A,可以从其派生出一个子类B,类B拥有类A的所有属性和函数,这个过程称为继承。类A被称为类B的父类。

继承最大的好处是子类获得了父类的全部变量和方法的同时,又可以根据需要进行修改、拓展。其语法结构如下:

```
class Foo(superA, superB,superC, … ):
class DerivedClassName(modname.BaseClassName):        # 当父类定义在另外的模块时
```

父类定义如下:

```
class people:
    def __init__(self, name, age, weight):
        self.name = name
        self.age = age
        self.__weight = weight
    def speak(self):
        print("%s 说: 我 %d 岁." % (self.name, self.age))
```

单继承示例如下:

```
class student(people):
    def __init__(self, name, age, weight, grade):
        # 调用父类的实例化方法
        people.__init__(self, name, age, weight)
        self.grade = grade
    # 重写父类的 speak()方法
    def speak(self):
        print("%s 说: 我 %d 岁了,我在读 %d 年级" %
            (self.name, self.age, self.grade))
s = student('Tom', 10, 30, 3)
s.speak()
```

Python 支持多父类的继承机制,所以需要注意圆括号中基类的顺序,若是基类中有相同的方法名,并且在子类使用时未指定,Python 会从左至右搜索基类中是否包含该方法。一旦查找到则直接调用,后面不再继续查找。

【例 8-1】 设想有如图 8-1 所示的继承关系,分析运行结果。

```
class D:
    pass
class C(D):
    pass
class B(C):
    def show(self):
        print("I am B")
    pass
class G:
    pass
```

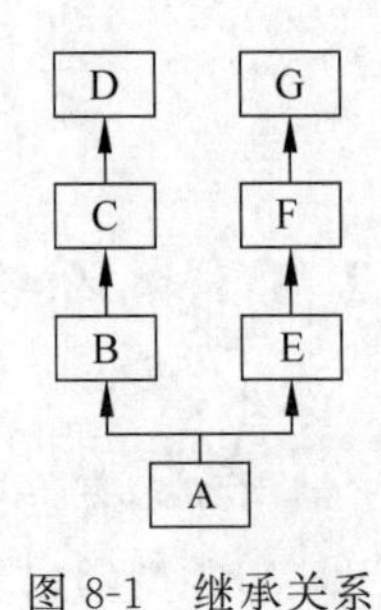

图 8-1 继承关系

```
class F(G):
    pass
class E(F):
    def show(self):
        print("I am E")
    pass
class A(B, E):
    pass
a = A()
a.show()
```

运行结果是 I am B。在类 A 中，没有 show()方法，于是只能在它的父类中查找。首先，在类 B 中找，结果找到了，于是直接执行类 B 的 show()方法。可见，在类 A 的定义中，继承参数的书写有先后顺序，写在前面的被优先继承。

那如果类 B 没有 show()方法，而是类 D 有呢？

```
class D:
    def show(self):
        print("I am D")
    pass
class C(D):
    pass
class B(C):
    pass
class G:
    pass
class F(G):
    pass
class E(F):
    def show(self):
        print("I am E")
    pass
class A(B, E):
    pass
a = A()
a.show()
```

运行结果是 I am D。左边具有深度优先权，当一条路走到底也没找到的时候，才换另一条路。图 8-1 中 D 和 G 没有共同继承时，子类在调用某个方法或变量的时候，首先在自己内部查找，如果没有找到，则开始根据继承机制在父类里查找。根据父类定义中的顺序，以深度优先的方式逐一查找父类。

可见，在这种继承结构关系中，搜索顺序如图 8-2 所示。

【例 8-2】 如果继承结构如图 8-3 所示，分析运行结果。

分析：类 D 和类 G 有共同继承类 H。当只有类 B 和类 E 有 show()方法的时候，无疑和上面的例子一样，找到类 B 就不找了，直接打印 I am B。但如果是只有类 H 和类 E 有 show()方法呢？

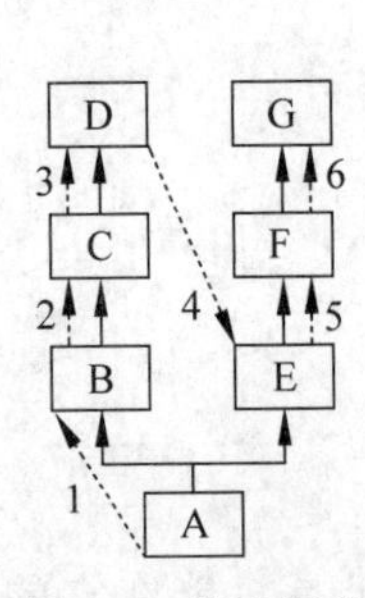

图 8-2　搜索顺序

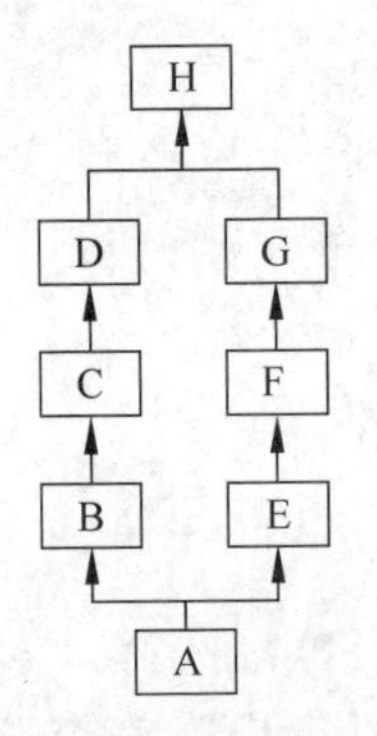

图 8-3　继承关系

```
class H:
    def show(self):
        print("I am H")
    pass
class D(H):
    pass
class C(D):
    pass
class B(C):
    pass
class G(H):
    pass
class F(G):
    pass
class E(F):
    def show(self):
        print("I am E")
    pass
class A(B, E):
    pass
a = A()
a.show()
```

大家会想当然地以为打印I am H(因为深度优先),但打印的却是I am E。这是为什么呢?因为在这种情况下,共同继承类要留到最后去找,Python的搜索路径和顺序如图8-4所示。

其他的继承模式,仔细一一解剖,都能划分成上面两种情况,例如下面的例子(箭头代表继承关系),B同时继承了C和F。

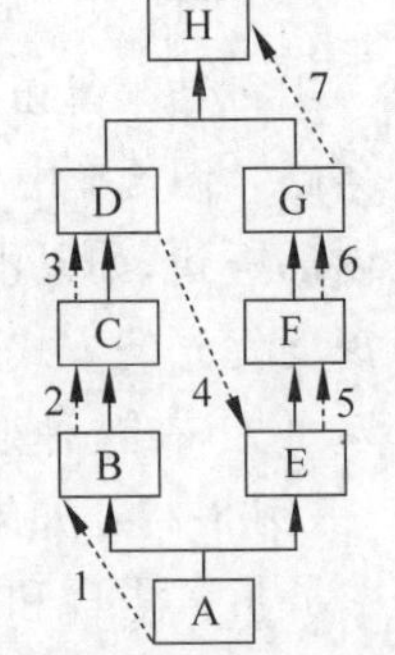

图 8-4　Python的搜索路径和顺序

```
class D():
    pass
class G():
    def show(self):
        print("I am G")
    pass
class F(G):
    pass
class C(D):
```

```
    pass
class B(C,F):
    pass
class E(F):
    def show(self):
        print("I am E")
    pass
class A(B, E):
    pass
a = A()
a.show()
# 可以通过类名.__mro__属性查找出来当前类的继承顺序
print(A.__mro__)
```

运行结果：

```
I am E
(<class '__main__.A'>, <class '__main__.B'>, <class '__main__.C'>, <class '__main__.D'>,
<class '__main__.E'>, <class '__main__.F'>, <class '__main__.G'>, <class 'object'>)
```

用图形来分析继承关系，如图 8-5 所示。

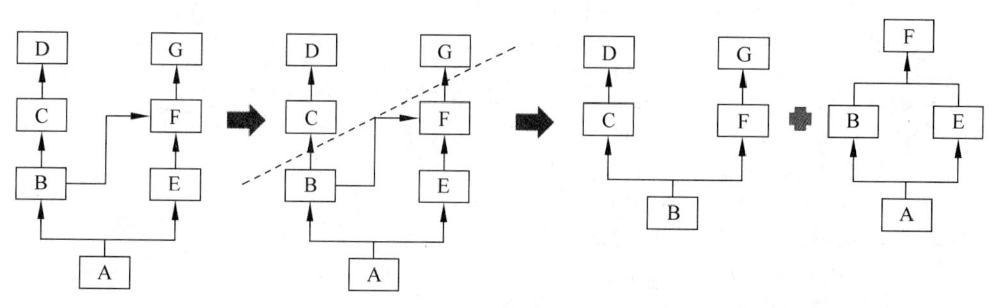

图 8-5　分析继承关系

如果子类中有与父类同名的成员，那么就会覆盖掉父类中的成员。想强制调用父类的成员呢？可以使用 super()函数。这是一个非常重要的函数，最常见的就是通过 super()调用父类的实例化方法__init__()。

语法：super(子类名, self).方法名()

上述需要传入的是子类名和 self，调用的是父类里的方法，按父类的方法需要传入参数。

```
class A:
    def __init__(self, name):
        self.name = name
        print("父类的__init__()方法被执行了!")
    def show(self):
        print("父类的 show()方法被执行了!")
class B(A):
    def __init__(self, name, age):
        super(B, self).__init__(name)
        self.age = age
```

```
    def show(self):
        super(B, self).show()
obj = B("jack", 18)
obj.show()
```


运行结果:

```
父类的__init__()方法被执行了!
父类的 show()方法被执行了!
```

看了上面的使用,可能会觉得 super()的使用很简单,无非就是获取了父类,并调用父类的方法。其实,在上面的情况下,super()获得的类刚好是父类,但在其他情况就不一定了,super()其实和父类没有实质性的关联。super()获得的是__mro__列表中的下一个类。

有如下的钻石型继承关系,如图 8-6 所示。

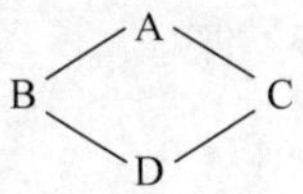

A
B C
D

图 8-6　钻石型继承关系

```
class A:
    def __init__(self):
        print('我是 A')
        super(A,self).__init__()
class B(A):
    def __init__(self):
        print('我是 B')
        super(B,self).__init__()
class C(A):
    def __init__(self):
        print('我是 C')
        super(C,self).__init__()
class D(B, C):
    def __init__(self):
        print('我是 D')
        super(D,self).__init__()
D()
print(D.__mro__)
```

运行结果:

```
我是 D
我是 B
我是 C
我是 A
(<class '__main__.D'>, <class '__main__.B'>, <class '__main__.C'>, <class '__main__.A'>,
<class 'object'>)
```

使用面向对象程序设计思想可以通过对类的继承实现应用程序的层次化设计。类的继承关系是树状的,从一个根类中可以派生出多个子类,而子类还可以派生出其他子类,以此类推。每个子类都可以从父类中继承成员变量和成员函数,实际上相当于继承了一套程序设计框架。

2. 多态

先看下面的代码:

```
class Animal:
    def kind(self):
        print("I am animal")
class Dog(Animal):
    def kind(self):
        print("I am a dog")
class Cat(Animal):
    def kind(self):
        print("I am a cat")
class Pig(Animal):
    def kind(self):
        print("I am a pig")
# 这个函数接收一个 animal 参数,并调用它的 kind()方法
def show_kind(animal):
    animal.kind()
d = Dog()
c = Cat()
p = Pig()
show_kind(d)
show_kind(c)
show_kind(p)
```

运行结果:

```
I am a dog
I am a cat
I am a pig
```

狗、猫、猪都继承了动物类,并各自重写了 kind()方法。show_kind()函数接收一个 animal 参数,并调用它的 kind()方法。可以看出,无论给 animal 传递的是狗、猫还是猪,都能正确地调用相应的方法,打印对应的信息。这就是多态。

实际上,由于 Python 的动态语言特性,传递给函数 show_kind()的参数 animal 可以是任何的类型,只要它有一个 kind()的方法即可。动态语言调用实例方法时不检查类型,只要方法存在,参数正确,就可以调用。这就是动态语言的"鸭子类型",它并不要求严格的继承体系,一个对象只要"看起来像鸭子,走起路来像鸭子",那它就可以被看作是鸭子。

Python 不检查数据类型,不是 animal 类型的也可以传递,只要有 kind()方法,但 Java 则不可以。

```
class Job:
    def kind(self):
        print("I am not animal, I am a job")
j = Job()
show_kind(j)
```

对于 Java 语言,必须指定函数参数的数据类型,只能传递对应参数类型或其子类型的参数,不能传递其他类型的参数,show_kind()函数只能接收 animal、dog、cat 和 pig 类型,而不能接收 job 类型,即使接收 dog、cat 和 pig 类型,也是通过面向对象的多态机制实现的。

3. 运算符重载

标准算数运算符在默认情况下不能用于自定义类对象的实例对象,运算符重载就是让自定义的类生成的对象(实例)能够使用运算符进行操作。它可以使自定义的实例像内建对象一样进行运算符操作,从而使程序简洁易读。算术运算符的重载如表 8-1 所示。

表 8-1 算术运算符的重载

方 法 名	运算符和表达式	说 明
__add__(self,other)	self +other	加法
__sub__(self,other)	self -other	减法
__mul__(self,other)	self * other	乘法
__floordiv__(self,other)	self //other	地板除
__mod__(self,other)	self%other	取模(求余)
__pow__(self,other)	self ** other	幂运算

【例 8-3】 运算符重载举例。

```
class Mynumber:
    def __init__(self,v):
        self.data = v
    def __repr__(self):                          # 返回实例对象的字符串表示形式
        return "Mynumber = ( %d)" % self.data
    def __add__(self,other):
        '''此方法用来制定 self + other 的规则'''
        v = self.data + other.data
        return Mynumber(v)                       # 用 v 创建一个新的对象返回给调用者
    def __sub__(self,other):
        '''此方法用来制定 self - other 的规则'''
        v = self.data - other.data
        return Mynumber(v)
    def __floordiv__(self,other):
        v = self.data // other.data
        return Mynumber(v)
    def __mod__(self,other):
        v = self.data % other.data
        return Mynumber(v)
n1 = Mynumber(500)
n2 = Mynumber(200)
n3 = n1 + n2                                     # 等同于 n3 = n1.__add__(n2)
print(n3)                                        # Mynumber(700)
n4 = n3 - n2                                     # 等同于 n4 = n3.__sub__(n2)
print(n4)
n5 = n1//n2
print(n5)
n6 = n1 % n2
print(n6)
```

运行结果:

```
Mynumber = (700)
```

```
Mynumber = (500)
Mynumber = (2)
Mynumber = (100)
```

8.3 应用举例

【例 8-4】 定义一个数字列表类型的类 Numlist,类中有两个成员函数 jiafa 和 chengfa,分别求所有元素的和与所有元素的积,并重载加法运算符(两个实例长度相同,对应元素相加;长度不同,缺位元素用 0 补充,然后相加)。用三个实例 a=[10,20,30,40]、b=[1,2,3,4]、c=[1,2]测试。

```
class Numlist:
    def __init__(self,name):
        self.sum1 = 0
        self.mul1 = 1
        self.data = name
    def jiafa(self):
        for i in self.data:
            self.sum1 += i
    def chengfa(self):
        for i in self.data:
            self.mul1  * =  i
    def __add__(self, other):
        if len(self.data)< len(other.data):
            for i in range(len(other.data) - len(self.data)):
                self.data.append(0)
        if len(self.data)> len(other.data):
            for i in range(len(self.data)  -  len(other.data)):
                other.data.append(0)
        f = []
        for i in range(len(other.data)):
            f.append(self.data[i] + other.data[i])
        return f
a = [10,20,30,40]
b = [1,2,3,4]
c = [1,2]
num1 = Numlist(a)
num2 = Numlist(b)
num3 = Numlist(c)
num1.jiafa()
num1.chengfa()
num4 = num1 + num2                              # 加号被重载,系统默认调用__add__()函数
num5 = num1 + num3
print("和为{},积为{}".format(num1.sum1,num1.mul1))
print(num4)
print(num5)
```

习　题

1. 有下面的类属性：姓名、年龄、成绩列表[语文，数学，英语]，其中每门课成绩的类型为整型，类的方法如下所述。

(1) 获取学生的姓名。方法为 get_name()，返回类型为 str。

(2) 获取学生的年龄。方法为 get_age()，返回类型为 int。

(3) 返回 3 门课中最高的分数。方法为 get_course()，返回类型为 int。

类定义好之后，可以定义一个同学进行测试。

```
zm = Student('zhangming',20,[69,88,100])
```

返回结果：

```
zhangming
20
100
```

2. 请定义一个交通工具类 Vehicle，属性为速度(speed)、体积(size)等。方法为移动 move()、设置速度 setSpeed(int speed)、加速 speedUp()、减速 speedDown()等。实例化一个交通工具对象，通过方法初始化 speed、size 的值并且打印出来。另外，调用加速、减速的方法对速度进行改变。

3. 封装一个学生类，有姓名、年龄、性别、英语成绩、数学成绩、语文成绩，求总分、平均分并打印学生的信息。

4. 创建一个 Cat 类，属性为姓名、年龄，方法为抓老鼠。创建老鼠类，属性为姓名、型号。一只猫抓一只老鼠，再创建一个测试类，创建一个猫对象，再创建一个老鼠对象，打印猫抓的老鼠的姓名和型号。

5. 在 circle. py 中定义一圆类 Circle，在 point. py 中定义圆心为点类 Point，构造一个圆，求圆的周长和面积，并判断某点与圆的关系。

提示：导入自定义模块用 import circle 或者 from circle import Circle。

第二篇
Python实战

第9章 数据库编程

9.1 学习要求

(1) 掌握 Python 中访问 MySQL 数据库的方法。

(2) 掌握数据库中常用的增加、删除、修改、查询方法。

9.2 知识要点

MySQL 是最流行的关系型数据库管理系统，在 Web 应用方面 MySQL 是最好的 RDBMS(Relational Database Management System，关系数据库管理系统)应用软件之一。由瑞典 MySQL AB 公司开发。MySQL 是一种关联数据库管理系统，关联数据库将数据保存在不同的表中，而不是将所有数据放在一个大仓库内，这样就加快了速度并提高了灵活性。

RDBMS 常用的一些术语如下。

数据库：一些关联表的集合。

数据表：表是数据的矩阵。一个数据库中的表看起来像一个简单的电子表格。

列：一列(数据元素) 包含了相同类型的数据，例如邮政编码的数据。

行：一行(元组，或记录)是一组相关的数据，例如一条用户订阅的数据。

冗余：存储两倍数据，冗余降低了性能，但提高了数据的安全性。

主键：是唯一的。一个数据表中只能包含一个主键。可以使用主键来查询数据。

外键：用于关联两个表。

复合键(组合键)：将多个列作为一个索引键，一般用于复合索引。

索引：可快速访问数据库表中的特定信息。索引是对数据库表中一列或多列的值进行排序的一种结构，类似书籍的目录。

参照完整性：要求关系中不允许引用不存在的实体，是关系模型必须满足的完整性约束条件，目的是保证数据的一致性。

除此以外，MySQL 可以工作在各种平台下(UNIX，Linux，Windows)并支持多种编程语言，这些编程语言包括 C、C++、Python、Java、Perl、PHP、Eiffel、Ruby 和 Tcl 等。

MySQL 使用最常用的数据库管理语言——结构化查询语言(SQL)进行数据库管理。由于其体积小、速度快、性能卓越、服务稳定、总体拥有成本低，尤其是开放源代码这一特点，许多企业都会无条件地选择 MySQL 作为网站数据库。由于其社区版的性能卓越，因此搭配 PHP 和 Apache 服务器可组成良好的开发环境。它既能够作为一个单独的应用程序应用在客户端服务器网络环境中,也能够作为一个库而嵌入其他的软件中。

MySQL 安装教程可通过识别左方二维码查看。

MySQL
安装教程

9.3 Python 使用 MySQL 的流程

在 Python 3. x 中,可以使用 pymysql 进行 MySQL 数据库的连接,并实现数据库的各种操作。

Python 使用 MySQL 的流程如图 9-1 所示。

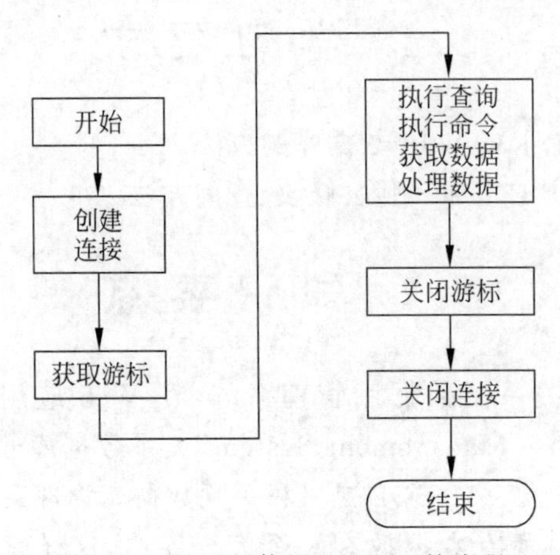

图 9-1 Python 使用 MySQL 的流程

1. 创建连接

连接(connection):创建了 Python 客户端与数据库之间的网络通路。参数如表 9-1 所示。

表 9-1 参数表

参 数 名	类 型	说 明
host	String	MySQL 的服务器地址
port	int	MySQL 的端口号
user	String	用户名
passwd	String	密码
db	String	使用的数据库
charset	String	连接字符集

连接支持的方法如表 9-2 所示。

表 9-2 连接支持的方法

方 法 名	说 明	方 法 名	说 明
cursor()	创建并且返回游标	rollback()	回滚当前事务
commit()	提交当前事务	close()	关闭连接

2. 获取游标

游标(cursor),用于执行查询和获取结果,它支持的方法如表 9-3 所示。

表 9-3　游标支持的方法

方法名	说明
execute()	用于执行一个数据库的查询命令
fetchone()	获取结果集中的下一行
fetchmany(size)	获取结果集中的下(size)行
fetchall()	获取结果集中剩下的所有行
rowcount	最近一次执行返回数据/影响的行数
close()	关闭游标

9.4　应用举例

【例 9-1】　通过对数据库的增、删、改、查等操作练习 pymysql 的使用。

```
>>> import pymysql
>>> conn = pymysql.connect(host = 'localhost',user = 'root',passwd = 'password',charset = 'utf8',
port = 3306)
# port 一般都是 3306,charset 要写 utf8,不然可能会出现乱码
>>> cur = conn.cursor()
# 查看有哪些数据库
>>> cur.execute('show databases')
>>> databases = []
>>> for i in cur: databases.append(i)
>>> databases
[('information_schema',), ('firstdb',), ('hive',), ('jeesite',), ('mysql',), ('school',), ('test',),
('test1',), ('test2015',)]
# 选择数据库
>>> conn.select_db('test')
# 如果一开始就知道选什么数据库,可以把数据库参数加到 connect 的语句里
#conn = pymysql.connect(host = 'localhost',user = 'root',passwd = 'password',db = 'test',charset
= 'utf8',port = 3306)
# 查看有哪些表
>>> cur.execute('show tables')
# fetchall()是获得所有的查询结果
>>> tables_list = cur.fetchall()
>>> tables_list
(('user',), ('user2',), ('user3',), ('user4',), ('user5',), ('user6',), ('user7',))
# 创建表(table)
>>> cur.execute('create table user8(id varchar(10),name varchar(10))')
# 如果习惯于每一列都单独一行,可以用'''代替'
>>> cur.execute('''create table user8(id varchar(10),
name varchar(10))''')
# 查看表 user; execute()中的语句语法跟 MySQL 中的一样
>>> cur.execute('select * from user')
>>> user_select_result = cur.fetchall()
>>> user_select_result
(('1', 'Michael'), ('11', 'ozil'), ('12', 'Giroud'), ('2', 'Henry'), ('Alexis', '17'), ('Ramsey',
'16'), ('Walcott', '14'))
```

```
>>> cur.execute('select *  from user')
# fetchone()只获得第一条查询结果
>>> user_select_result = cur.fetchone()
>>> user_select_result
('1', 'Michael')
>>> cur.execute('select *  from user')
# fetchmany(n),可以获得 n 条查询结果
>>> user_select_result = cur.fetchmany(4)
>>> user_select_result
(('1', 'Michael'), ('11', 'ozil'), ('12', 'Giroud'), ('2', 'Henry'))
# 插入数据,注意插入语句的插入参数是变量
>>> insert_value = ('3','gibbs')
>>> cur.execute('insert into user(id,name) values( %s, %s)',insert_value)
>>> cur.execute('select *  from user')
>>> user_select_result = cur.fetchall()
>>> user_select_result
(('1', 'Michael'), ('11', 'ozil'), ('12', 'Giroud'), ('2', 'Henry'), ('3', 'gibbs'), ('Alexis', '17'),
('Ramsey', '16'), ('Walcott', '14'))
insert_value_list = [('22','debucy'),('33','cech')]
# 插入多条数据,需要用 executemany()
>>> cur.executemany('insert into user(id,name) values( %s, %s)',insert_value_list)
>>> cur.execute('select *  from user')
>>> user_select_result = cur.fetchall()
>>> user_select_result
(('1', 'Michael'), ('11', 'ozil'), ('12', 'Giroud'), ('2', 'Henry'), ('22', 'debucy'), ('3', 'gibbs'),
('33', 'cech'), ('Alexis', '17'), ('Ramsey', '16'), ('Walcott', '14'))
# 只有用 conn.commit()后,对数据库的修改才会提交
>>> conn.commit()
>>> cur.execute('update user set name = "pzil" where id = "11"')
>>> user_select_result = cur.fetchall()
>>> user_select_result
()
>>> cur.execute('select *  from user')
>>> user_select_result = cur.fetchall()
>>> user_select_result
(('1', 'Michael'), ('11', 'pzil'), ('12', 'Giroud'), ('2', 'Henry'), ('22', 'debucy'), ('3', 'gibbs'),
('33', 'cech'), ('Alexis', '17'), ('Ramsey', '16'), ('Walcott', '14'))
# 修改后一定要用 commit(),不然删除、更新、添加的数据都不会被写进数据库中
>>> conn.commit()
# 最后要把游标和连接都关掉
>>> cur.close()
>>> conn.close()
```

习　题

在(　　)中填写语句完成要求的内容。需要注意:

(1) 有一个 MySQL 数据库,并且已经启动。

(2) 有可以连接该数据库的用户名和密码。

(3) 有一个有权限操作的数据库。

1. 基本使用。

```
# 导入 pymysql 模块
import pymysql
# 连接数据库
conn = pymysql.connect(host = "你的数据库地址", user = "用户名",password = "密码",database = "数据库名",charset = "utf8")
# 得到一个可以执行 SQL 语句的游标对象
cursor = conn.cursor()
# 定义要执行的 SQL 语句
sql = """
CREATE TABLE USER1 (
id INT auto_increment PRIMARY KEY,
name CHAR(10) NOT NULL UNIQUE,
age TINYINT NOT NULL
)ENGINE = innodb DEFAULT CHARSET = utf8;
"""
# 执行 SQL 语句
(                )
# 关闭游标对象
cursor.close()
# 关闭数据库连接
conn.close()
```

2. 增加、删除、修改、查询操作。

(1) 增加操作。

```
# 导入 pymysql 模块
import pymysql
# 连接 database
conn = pymysql.connect(host = "你的数据库地址", user = "用户名",password = "密码",database = "数据库名",charset = "utf8")
# 得到一个可以执行 SQL 语句的游标对象
cursor = conn.cursor()
sql = "INSERT INTO USER1(name, age) VALUES ( %s, %s);"
username = "Alex"
age = 18
# 执行 SQL 语句
(            )
# 提交事务
conn.commit()
cursor.close()
conn.close()
```

(2) 插入数据失败则回滚。

```
# 导入 pymysql 模块
import pymysql
# 连接数据库
conn = pymysql.connect(host = "你的数据库地址", user = "用户名",password = "密码",database = "数
```

```
据库名",charset = "utf8")
# 得到一个可以执行 SQL 语句的游标对象
cursor = conn.cursor()
sql = "INSERT INTO USER1(name, age) VALUES ( %s, %s);"
username = "Alex"
age = 18
try:
    # 执行 SQL 语句
    cursor.execute(sql, [username, age])        # 有错,会执行回滚
    # 提交事务
    conn.commit()
except Exception as e:
    # 有异常,回滚事务
    (            )
cursor.close()
conn.close()
```

(3) 批量执行。

```
# 导入 pymysql 模块
import pymysql
# 连接数据库
conn = pymysql.connect(host = "你的数据库地址", user = "用户名",password = "密码",database = "数
据库名",charset = "utf8")
# 得到一个可以执行 SQL 语句的游标对象
cursor = conn.cursor()
sql = "INSERT INTO USER1(name, age) VALUES ( %s, %s);"
data = [("Alex", 18), ("Egon", 20), ("Yuan", 21)]
try:
    # 批量执行多条插入 SQL 语句
    (              )
    # 提交事务
    conn.commit()
except Exception as e:
    # 有异常,回滚事务
    (              )
cursor.close()
conn.close()
```

(4) 删除操作。

```
# 导入 pymysql 模块
import pymysql
# 连接数据库
conn = pymysql.connect(host = "你的数据库地址", user = "用户名",password = "密码",database
= "数据库名",charset = "utf8")
# 得到一个可以执行 SQL 语句的游标对象
cursor = conn.cursor()
(                          )                          # 按照 id 号删除
try:
    cursor.execute(sql, [4])
    # 提交事务
```

```
    conn.commit()
except Exception as e:
    # 有异常,回滚事务
    (                  )
cursor.close()
conn.close()
```

(5) 修改操作。

```
# 导入 pymysql 模块
import pymysql
# 连接数据库
conn = pymysql.connect(host = "你的数据库地址", user = "用户名",password = "密码",database
= "数据库名",charset = "utf8")
# 得到一个可以执行 SQL 语句的游标对象
cursor = conn.cursor()
# 修改数据的 SQL 语句
(                    )
username = "Alex"
age = 80
try:
    # 执行 SQL 语句
    cursor.execute(sql, [age, username])
    # 提交事务
    conn.commit()
except Exception as e:
    # 有异常,回滚事务
    (                )
cursor.close()
conn.close()
```

(6) 查询操作。

① 查询单条数据。

```
# 导入 pymysql 模块
import pymysql
# 连接数据库
conn = pymysql.connect(host = "你的数据库地址", user = "用户名",password = "密码",database
= "数据库名",charset = "utf8")
# 得到一个可以执行 SQL 语句的游标对象
cursor = conn.cursor()
# 查询数据的 SQL 语句
sql = "SELECT id,name,age from USER1 WHERE id = 1;"
# 执行 SQL 语句
cursor.execute(sql)
# 获取单条查询数据
(                          )
cursor.close()
conn.close()
# 打印查询结果
print(ret)
```

② 查询多条数据。

```
# 导入 pymysql 模块
import pymysql
# 连接数据库
conn = pymysql.connect(host = "你的数据库地址", user = "用户名",password = "密码",database
= "数据库名",charset = "utf8")
# 得到一个可以执行 SQL 语句的游标对象
cursor = conn.cursor()
# 查询数据的 SQL 语句
sql = "SELECT id,name,age from USER1;"
# 执行 SQL 语句
cursor.execute(sql)
# 获取多条查询数据
(                    )
cursor.close()
conn.close()
# 打印查询结果
print(ret)
```

第 10 章　网页爬取

10.1　学习要求

（1）掌握网页爬取的常用方法。

（2）掌握正则表达式的应用。

10.2　知识要点

10.2.1　认识网页结构

网页一般由三部分组成，分别是 HTML（超文本标记语言）、CSS（层叠样式表）和 JScript（活动脚本语言）。

1. HTML

HTML 是整个网页的结构，相当于整个网站的框架。带“<”“>”符号的都属于 HTML 的标签，并且标签都是成对出现的。常见的标签如下：

<html>..</html>：表示标记中间的元素是网页。

<body>..</body>：表示用户可见的内容。

<div>..</div>：表示框架。

<p>..</p>：表示段落。

<li>..</li>：表示列表。

<img>..</img>：表示图片。

<h1>..</h1>：表示标题。

<a href="">..</a>：表示超链接。

2. CSS

CSS 表示样式，<style type="text/css">表示下面引用一个 CSS，在 CSS 中定义了外观。

3. JScript

JScript 表示功能。交互的内容和各种特效都在 JScript 中，JScript 描述了网站中的各种功能。

如果用人体来比喻，HTML 则是人的骨架，并且定义了人的嘴巴、眼睛、耳朵等的位置。CSS 是人的外观细节，如眼睛是双眼皮还是单眼皮，是大眼睛还是小眼睛，皮肤是黑色的还是白色的等。JScript 表示人的技能,如跳舞、唱歌或者演奏乐器等。

4. 编写一个简单的 HTML

通过编写和修改 HTML,可以更好地理解 HTML。首先打开一个记事本,然后输入下面的内容:

```
<html>
<head>
    <title>Python 3 爬虫与数据清洗入门与实战</title>
</head>
<body>
    <div>
        <p>Python 3 爬虫与数据清洗入门与实战</p>
    </div>
    <div>
        <ul>
          <li><a href="http://c.biancheng.net">爬虫</a></li>
          <li>数据清洗</li>
        </ul>
    </div>
</body>
</html>
```

输入代码后,保存记事本,再修改文件名和扩展名为 HTML.html;运行效果如图 10-1 所示。

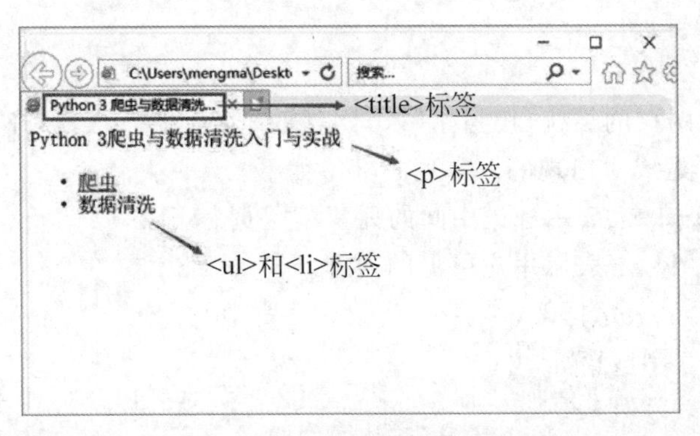

图 10-1 运行效果

这段代码只是用到了 HTML,读者可以自行修改代码中的中文,然后观察其变化。

10.2.2 安装所需包

首先,安装 requests 和 beautifulsoup4 两个包,安装代码如下:

```
pip install requests
pip install beautifulsoup4
```

通过 requests 模块可以很方便地发起 HTTP 请求。requests 模块是第三方模块,安装完成之后直接导入就能使用,利用 requests 对象的 get()方法,对指定的 url 发起请求。

BeautifulSoup 库提供了很多解析 HTML 的方法,可以帮助我们很方便地提取需要的内容。我们这里说的 BeautifulSoup 指的是 bs4。当成功爬取网页之后，就可以通过 BeautifulSoup 对象对网页内容进行解析。最开始一般写成如下格式：

```
res = requests.get('https://xxx.xxx.xx')
soup = BeautifulSoup(res,'html.parser')
```

在 BeautifulSoup 中，一般使用 BeautifulSoup 解析得到的 Soup 文档，可以使用 find_all()、find()、select()方法定位所需要的元素。find_all()可以获得列表(list)、find()可以获得一条数据。select()根据选择器可以获得多条也可以获得单条数据。其中关键点在于，对于所需内容的精准定位，通过()内的语句来实现。下面以 select()的应用为例。

1. class

对于 HTML 中类的内容，可以通过 class 类名来进行定位，一般形式为：

```
soup.select('.class')
```

2. id

id 在一个 HTML 中是唯一的，因此可以通过 id 名来找寻唯一的内容，形式为：

```
soup.select('#id')
```

3. 标签

标签可以直接寻找：

```
soup.select('a')
```

4. 组合查找

某一类下的某个标签中的内容，采用空格隔开：

```
soup.select('.class a')
```

10.2.3 利用正则表达式爬取内容

正则表达式(regular expression)描述了一种字符串匹配的模式(pattern)，可以用来检查一个串是否含有某种子串、将匹配的子串替换或者从某个串中取出符合某个条件的子串等，通过简单的方法可以实现强大的功能。

引入正则模块：import re

主要使用的方法 match()，从左到右进行匹配：

```
# pattern 为要校验的规则
# str 为要进行校验的字符串
result = re.match(pattern, str)
# 如果 result 不为 None,则 group()方法对 result 进行数据提取
result.group()
```

1. 单字符匹配规则

单字符匹配规则如表 10-1 所示。

表 10-1　单字符匹配规则

字　符	功　能
.	匹配任意 1 个字符(除了\n 和\r)
[]	匹配[]中列举的字符
\d	匹配数字,即 0～9
\D	匹配非数字,即匹配不是数字的字符
\s	匹配空白符,也就是空格和\tab
\S	匹配非空白符,\s 取反
\w	匹配单词字符, a～z, A～Z, 0～9, _
\W	匹配非单词字符, \w 取反

2. 表示数量的规则

表示数量的规则如表 10-2 所示。

表 10-2　表示数量的规则

字　符	功　能
*	匹配前一个字符出现 0 次多次或者无限次,可有可无,可多可少
+	匹配前一个字符出现 1 次多次或者无限次,直到出现一次
?	匹配前一个字符出现 1 次或者 0 次,要么有 1 次,要么没有
{m}	匹配前一个字符出现 m 次
{m,}	匹配前一个字符至少出现 m 次
{m,n}	匹配前一个字符出现 m～n 次

【例 10-1】 验证手机号码是否符合规则(不考虑边界问题)。

```
# 首先清楚手机号的规则
# 1.都是数字; 2.长度为 11; 3.第一位是 1; 4.第二位是 35 678 中的一位
```

代码如下:

```
pattern = "1[35678]\d{9}"
phoneStr = "18230092223"
# 使用 re.match()从头开始匹配文本,获得匹配结果,无法匹配时将返回 None
result = re.match(pattern, phoneStr)
result.group()
```

结果如下:

```
'18230092223'
```

3. 表示边界的规则

表示边界的规则如表 10-3 所示。

表 10-3　表示边界的规则

字　符	功　能	字　符	功　能
^	匹配字符串开头	\b	匹配一个单词的边界
$	匹配字符串结尾	\B	匹配非单词边界

【例 10-2】 定义规则来匹配 str="字母 ve r"。

```
import re
# 定义规则匹配 str = "字母 ve r"
# 1. 以字母开始,以 r 结尾
# 2. 中间有空字符
# 3. ve 两边分别限定匹配单词边界
pattern = r"^\w + \s\bve\b\sr"
str = "ho ve r"
result = re.match(pattern, str)
result.group()
```

结果如下:

```
'ho ve r'
```

注意:Python 字符串前面加上 r 表示原生字符串。例如,print(r"\nabc"),结果为\nabc。

4. 匹配分组的规则

匹配分组的规则如表 10-4 所示。

表 10-4 匹配分组的规则

字　符	功　能
|	匹配左右任意一个表达式
(ab)	将括号中字符作为一个分组
\num	引用分组号 num 匹配到的字符串
(?P<name>)	分组起别名
(?P=name)	引用别名为 name 分组匹配到的字符串

【例 10-3】 定义规则匹配出 0~100 的数字。

```
import re
# 匹配出 0~100 的数字
# 首先从左往右开始匹配
# 经过分析,可以将 0~100 分为三部分
# 1. 0          "0 $ "
# 2. 100        "100 $ "
# 3. 1 - 99     "[1 - 9]\d{0,1} $ "
# 所以整合如下
pattern = "0 $ |100 $ |[1 - 9]\d{0,1} $ "
# 测试数据为可以取值 0,3,27,100,123
result = re.match(pattern, "27")
result.group()
```

结果如下:

```
'27'
```

【例 10-4】 定义匹配规则,获取页面中的< h1 >标签中的内容。

```
import re
# 获取页面< h1 >标签中的内容, 爬虫的时候会用到
```

```
str = "< h1 > hello world!</h1 >"
pattern = r"< h1 >(. * )</h1 >"              # 用()表示一个分组
result = re.match(pattern, str)
print(result.group())                        # group()和 group(0)都是匹配整个字符串
print(result.group(1))                       # group(1)匹配第一个分组()里面的内容
```

结果如下：

```
< h1 > hello world!</h1 >
hello world!
```

【例 10-5】 通过分组号和分组别名匹配。

```
import re
str = "< html > hello world!</html >"
pattern1 = "<([a - zA - Z] + )>. * </\\1 >"                    # 引用分组号 1 匹配到的字符串
result1 = re.match(pattern1, str)
print(result1.group())
pattern2 = "<(?P < name1 >[a - zA - Z] + )>. * </(?P = name1)>"          # 分组别名为 name1
result2 = re.match(pattern2, str)
print(result2.group())
```

结果如下：

```
< html > hello world!</html >
< html > hello world!</html >
```

视频讲解

10.3 应用举例

【例 10-6】 爬取新浪文化网页中的栏目要闻的链接地址和标题。

打开网页，按 F12 键，查看源代码标签结构，如图 10-2 所示。通过左上角的箭头标识可以在网页中选择自己感兴趣的内容并查看标签结构。

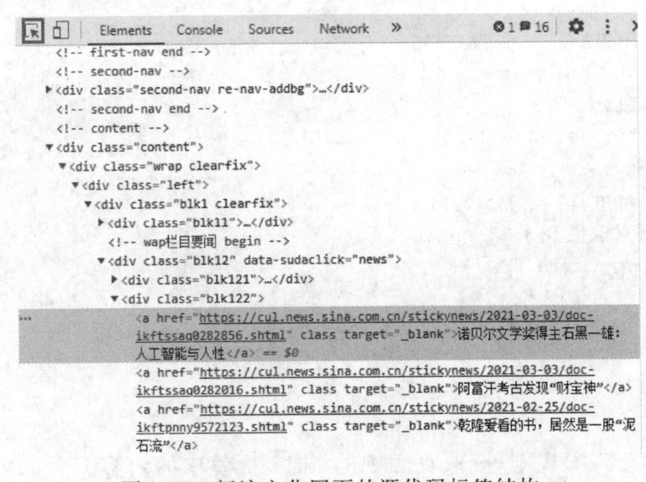

图 10-2 新浪文化网页的源代码标签结构

分析以上标签结构，可以看到栏目要闻的链接地址和标题在 class="blk122"的标签下。因此，需要了解这些标签信息来获取所需内容。了解网页信息之后，就可以编写代码了。首先，要导入安装的包：

```
import requests
from bs4 import BeautifulSoup
```

为了获取网页数据要使用 requests 的 get()方法：

```
url = 'http://cul.news.sina.com.cn/'
res = requests.get(url)
```

检查 HTTP 响应状态，来确保能正常获取网页，如果输出状态代码为 200 则为正常：

```
print(res.status_code)
```

现在已经获取了网页数据，可以看看得到了什么：

```
print(res.text)
```

上面的代码会显示 HTTP 响应的全部内容，包括 HTML 代码和需要的文本数据信息：

```
soup = BeautifulSoup(res.text, 'html.parser')
```

目前获得的是包含所需数据的网页源代码，接下来要将有用的信息提取出来。上面已经知道所需的内容在 class 为 blk122 的标签下，因此，接下来将使用 bs4 对象的 select()方法提取标签中的数据，此方法返回列表 h4：

```
h4 = soup.select('.blk122')
```

而需要的链接和标题位于< a >标签下，需要通过循环获取所有< a >标签下的数据并显示。代码如下：

```
h5 = h4[0].select('a')
for link in h5:
    print(link['href'])         # 显示链接地址
    print(link.text)            # 显示标题
```

将上述 Python 代码合并在一起，完整的程序如下：

```
import requests
from bs4 import BeautifulSoup
url = 'http://cul.news.sina.com.cn/'
res = requests.get(url)
# 使用 UTF-8 编码
res.encoding = 'UTF-8'
# 使用解析器为 html.parser
soup = BeautifulSoup(res.text, 'html.parser')
# 遍历 class = blk122 的节点
h4 = soup.select('.blk122')
h5 = h4[0].select('a')
for link in h5:
    print(link['href'])
```

```
    print(link.text)
```

运行结果:

```
https://cul.news.sina.com.cn/stickynews/2021-03-03/doc-ikftssaq0282856.shtml
诺贝尔文学奖得主石黑一雄:人工智能与人性
https://cul.news.sina.com.cn/stickynews/2021-03-03/doc-ikftssaq0282016.shtml
阿富汗考古发现"财宝神"
…
```

【例 10-7】 爬取“豆瓣读书 Top 250”第一页的内容,并存入 douban.csv 文件中。

打开“豆瓣读书 Top 250”第一页:按 F12 键,查看源代码标签结构,如图 10-3 所示。

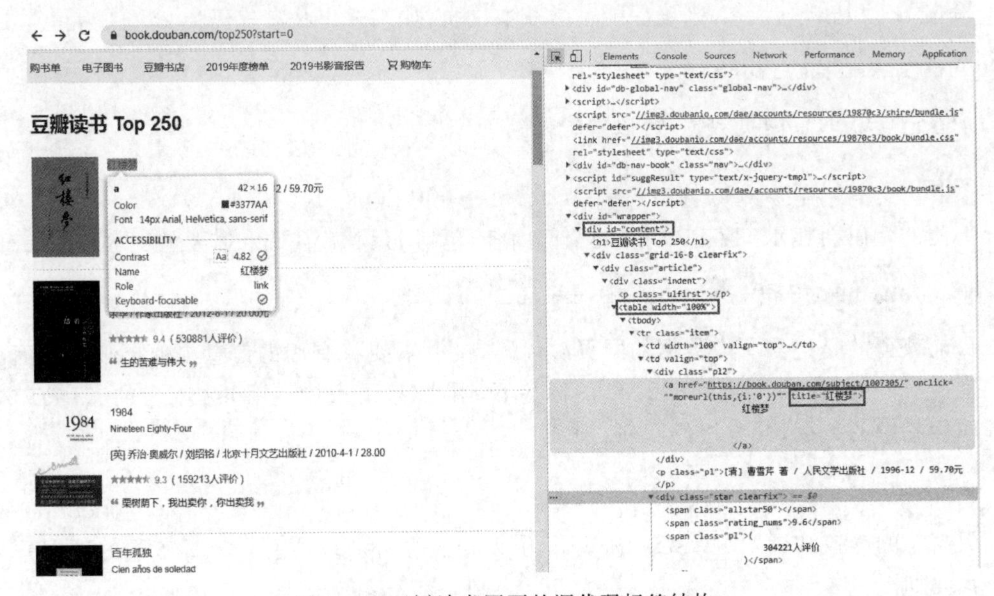

图 10-3　豆瓣读书网页的源代码标签结构

可以看出,所有信息都在一个 div 中,这个 div 下有 25 个 table,其中每个 table 都是独立的信息单元,书名可以直接在节点中的 title 中提取:

```
bookname.append(table.find_all("a")[1]['title'])
```

评价人数用正则表达式提取:

```
people_info = table.find_all("span")[-2].text
people.append(re.findall(r'\d+', people_info))
```

再看以下两种国籍信息:

```
<p class="pl">[中] 曹雪芹 著 / 人民文学出版社 / 1996-12 / 59.70 元</p>
<p class="pl">余华 / 作家出版社 / 2012-8-1 / 20.00 元</p>
```

提取两种情况下的作者信息:

```
s = infostr.split("/")
if re.findall(r'\[', s[0]):
    w = re.findall(r'\s\D+', s[0])
```

```
        author.append(w[0])
    else:
        author.append(s[0])
```

去掉国籍[中]两边的中括号：

```
nationality_info = re.findall(r'[[](\D)[]]', infos)
nationality.append(nationality_info)
```

其中，有国籍的都写出了，但是没写出的发现都是中国，所以把国籍为空白的改写为“中”：

```
for i in nationality:
    if len(i) == 1:
        nation.append(i[0])
    else:
        nation.append("中")
```

综上，完整的程序如下：

```
import pandas as pd
import requests
import re
from bs4 import BeautifulSoup
def getcontent(url):
    headers = {'User - Agent':"Mozilla/5.0 (Windows NT 10.0; WOW64)
              AppleWebKit/537.36 (KHTML, like Gecko)
              Chrome/72.0.121 Safari/537.36"}
    data = requests.get(url,headers = headers)
    soup = BeautifulSoup(data.text, 'lxml')
    div = soup.find("div",id = "content")
    tables = div.find_all("table")
    price = []
    date = []
    nationality = []
    nation = []
    bookname = []
    link = []
    score = []
    comment = []
    num = []
    author = []
    for table in tables:
        bookname.append(table.find_all("a")[1]['title'])
        link.append(table.find_all("a")[1]['href'])
        score.append(table.find("span",class_ = "rating_nums").string)
        comment.append(table.find_all("span")[ - 1].string)
        people_info  =  table.find_all("span")[ - 2].text
        people_num = re.findall(r'\d + ', people_info)
        num.append(people_num[0])
        navistr  =  (table.find("p").string)
        infos  =  str(navistr.split("/"))
        infostr  =  str(navistr)
```

```
            s = infostr.split("/")
            if re.findall(r'\[', s[0]):
                w = re.findall(r'\s\D + ', s[0])
                author.append(w[0])
            else:
                author.append(s[0])
            price_info = re.findall(r'\d + \.\d + ', infos)
            price.append((price_info[0]))
            date.append(s[ - 2])
            nationality_info = re.findall(r'[[](\D)[]]', infos)
            nationality.append(nationality_info)
        for i in nationality:
            if len(i) == 1:
                nation.append(i[0])
            else:
                nation.append("中")
        dataframe = pd.DataFrame({'书名': bookname, '作者': author,
                    '国籍': nation,'评分': score,'评分人数': num,
                    '出版时间': date,'价格': price,'链接': link,})
        # 将 DataFrame 存储为 csv,index 表示是否显示行名,default = True
        dataframe.to_csv("douban.csv", index = False,
                         encoding = 'utf - 8 - sig',sep = ',')
    if __name__ == '__main__':
        url = "https://book.douban.com/top250?icn = index - book250 - all"
        getcontent(url)
```

运行结果:douban.csv 如图 10-4 所示。

书名	价格	作者	出版时间	国籍	评分	评分人数	链接
红楼梦	59.7	曹雪芹 著	1996-12	中	9.6	304223	https://book.douban.com/subject/1007305/
活着	20	余华	2012-8-1	中	9.4	530891	https://book.douban.com/subject/4913064/
1984	28	乔治·奥	2010-4-1	英	9.3	159218	https://book.douban.com/subject/4820710/
百年孤独	39.5	加西亚·	2011-6	中	9.2	307951	https://book.douban.com/subject/6082808/
飘	40	玛格丽特	2000-9	中	9.3	164755	https://book.douban.com/subject/1068920/
三体全集	168	刘慈欣	2012-1-1	中	9.4	62099	https://book.douban.com/subject/6518605/
三国演义(全二册)	39.5	罗贯中	1998-05	明	9.3	127794	https://book.douban.com/subject/1019568/
房思琪的初恋乐园	45	林奕含	2018-1	中	9.2	209933	https://book.douban.com/subject/27614904/
白夜行	39.5	东野圭吾	2013-1-1	日	9.1	296630	https://book.douban.com/subject/10554308/
动物农场	10	乔治·奥	2007-3	英	9.2	98233	https://book.douban.com/subject/2035179/
福尔摩斯探案全集(上	53	阿·柯南	53.00元	英	9.3	95959	https://book.douban.com/subject/1040211/
小王子	22	圣埃克苏	2003-8	法	9	598510	https://book.douban.com/subject/1084336/
天龙八部	96	金庸	1994-5	中	9.1	106028	https://book.douban.com/subject/1255625/
撒哈拉的故事	15.8	三毛	2003-8	中	9.2	91521	https://book.douban.com/subject/1060068/
安徒生童话故事集	25	(丹麦)安	1997-08	中	9.2	93705	https://book.douban.com/subject/1046209/
哈利•波特	498	J.K.罗琳	2008-12-	中	9.7	29880	https://book.douban.com/subject/24531956/
冰与火之歌(卷一)	68	乔治·R.	2005-5	美	9.3	32738	https://book.douban.com/subject/1336330/
沉默的大多数	27	王小波	1997-10	中	9.1	106298	https://book.douban.com/subject/1054685/
人类简史	68	尤瓦尔·	2014-11	中	9.1	138478	https://book.douban.com/subject/25985021/
围城	19	钱锺书	1991-2	中	8.9	383270	https://book.douban.com/subject/1008145/
杀死一只知更鸟	32	哈珀·李	2012-9	美	9.2	84574	https://book.douban.com/subject/6781808/
平凡的世界(全三部)	64	路遥	2005-1	中	9	260521	https://book.douban.com/subject/1200840/
局外人	22	阿尔贝·	2010-8	法	9	140006	https://book.douban.com/subject/4908885/
明朝那些事儿(1-9)	358.2	当年明月	2009-4	中	9.1	96446	https://book.douban.com/subject/3674537/
霍乱时期的爱情	39.5	加西亚·	2012-9-1	中	9	193524	https://book.douban.com/subject/10594787/

图 10-4 douban.csv

【例 10-8】 利用 xpath 爬取"豆瓣读书 Top 250"的所有内容,并存入 douban1.csv 文件中。

xpath 使用路径表达式来选取 XML 文档中的节点或者节点集。这些路径表达式和在常规的计算机文件系统中看到的表达式非常相似。

首先下载 xpath-helper.crx，修改其扩展名为 rar，即修改为 xpath-helper.rar，然后解压到一个目录中。

用谷歌浏览器打开开发者模式（按 F12 快捷键），选择右上角的“自定义及控制符号”→“更多工具”→“扩展程序”选项，然后选择“加载已解压的扩展程序”选项，选择刚刚解压的目录，则安装成功。重启浏览器，利用 Ctrl+Shift+X 快捷键可以开启 XPath Helper 插件。

获取书名的 xpath 如图 10-5 所示，找到书名，右击，在弹出的快捷菜单中选择 Copy→Copy Xpath 选项，以书名“红楼梦”为例，获取书名的 xpath 是：//*[@id="content"]/div/div[1]/div/table[1]/tbody/tr/td[2]/div[1]/a。

图 10-5　获取书名的 xpath

注意，浏览器复制的 xpath 只能做参考，因为浏览器经常会在自己里面增加多余的 <tbody>标签，需要手动把这个标签删除，整理成：//*[@id="content"]/div/div[1]/div/table[1]/tr/td[2]/div[1]/a。

同样获取图书的评分、评论人数、简介，结果如下：

```
//*[@id = "content"]/div/div[1]/div/table[1]/tr/td[2]/div[2]/span[2]
//*[@id = "content"]/div/div[1]/div/table[1]/tr/td[2]/div[2]/span[3]
//*[@id = "content"]/div/div[1]/div/table[1]/tr/td[2]/p[1]
```

一共有 10 页信息，每页 25 本图书，程序如下：

```
import requests
from lxml import etree
# 获取每页地址
def getUrl():
    for i in range(10):
        url = 'https://book.douban.com/top250?start = {}'.format(i * 25)
        urlData(url)
# 获取每页数据
def urlData(url):
    headers = {'User - Agent':"Mozilla/5.0 (Windows NT 10.0; WOW64)
```

```
                AppleWebKit/537.36 (KHTML, like Gecko)
                Chrome/72.0.121 Safari/537.36"}
    html = requests.get(url, headers = headers).text
    res = etree.HTML(html)
    trs = res.xpath('//*[@id = "content"]/div/div[1]/div/table/tr')
    for tr in trs:
        name = tr.xpath('./td[2]/div/a/text()')[0].strip()
        score = tr.xpath('./td[2]/div/span[2]/text()')[0].strip()
        comment = tr.xpath('./td[2]/div/span[3]/text()')[0]
                        .replace('(','').replace(')','').strip()
        info = tr.xpath('./td[2]/p[1]/text()')[0].strip()
        print("«{}» -- {}分 -- {} -- {}".format(name, score, comment, info))
if __name__ == '__main__':
    getUrl()
```

程序运行结果共 250 条信息,图 10-6 显示了部分运行结果。

```
《红楼梦》--9.6分--304255人评价--[中] 曹雪芹 著 / 人民文学出版社 / 1996-12 / 59.70元
《活着》--9.4分--530949人评价--余华 / 作家出版社 / 2012-8-1 / 20.00元
《1984》--9.3分--159244人评价--[英] 乔治・奥威尔 / 刘绍铭 / 北京十月文艺出版社 / 2010-4-1 / 28.00
《百年孤独》--9.2分--307983人评价--[哥伦比亚] 加西亚・马尔克斯 / 范晔 / 南海出版公司 / 2011-6 / 39.50元
《飘》--9.3分--164766人评价--[美国] 玛格丽特・米切尔 / 李美华 / 译林出版社 / 2000-9 / 40.00元
《三体全集》--9.4分--62137人评价--刘慈欣 / 重庆出版社 / 2012-1-1 / 168.00元
《三国演义（全二册）》--9.3分--127804人评价--[中] 罗贯中 / 人民文学出版社 / 1998-05 / 39.50元
《房思琪的初恋乐园》--9.2分--209982人评价--林奕含 / 北京联合出版公司 / 2018-1 / 45.00元
《白夜行》--9.1分--296688人评价--[日] 东野圭吾 / 刘姿君 / 南海出版公司 / 2013-1-1 / 39.50元
《动物农场》--9.2分--98248人评价--[英] 乔治・奥威尔 / 荣如德 / 上海译文出版社 / 2007-3 / 10.00元
《福尔摩斯探案全集（上中下）》--9.3分--95974人评价--[英] 阿・柯南道尔 / 丁钟华 等 / 群众出版社 / 1981-8 / 53.00元/68.00元
《小王子》--9.0分--598566人评价--[法] 圣埃克苏佩里 / 马振聘 / 人民文学出版社 / 2003-8 / 22.00元
《天龙八部》--9.1分--106036人评价--金庸 / 生活.读书.新知三联书店 / 1994-5 / 96.0
《撒哈拉的故事》--9.2分--91546人评价--三毛 / 哈尔滨出版社 / 2003-8 / 15.80元
《安徒生童话故事集》--9.2分--93726人评价--（丹麦）安徒生 / 叶君健 / 人民文学出版社 / 1997-08 / 25.00元
《哈利•波特》--9.7分--29907人评价--J.K.罗琳 (J.K.Rowling) / 苏农 / 人民文学出版社 / 2008-12-1 / 498.00元
```

图 10-6　显示部分运行结果

最后,将爬取的数据存储到 CSV 文件中,完整的程序如下:

```
import csv
import requests
from lxml import etree
# 获取每页地址
def getUrl():
    for i in range(10):
        url = 'https://book.douban.com/top250?start = {}'.format(i * 25)
        for item in urlData(url):
            write_to_file(item)
        print('成功保存"豆瓣图书 Top 250"第{}页的数据!'.format(i + 1))
# 数据存储到 CSV 文件
def write_to_file(content):
    # 'a'追加模式
    with open('douban1.csv','a',encoding = 'utf - 8',newline = '') as f:
        fieldnames = ['name','score','comment','info']
        # 利用 csv 包的 DictWriter()函数将字典格式数据存储到 CSV 文件中
        w = csv.DictWriter(f,fieldnames = fieldnames)
        w.writerow(content)
# 获取每页数据
```

```
def urlData(url):
    headers = {'User - Agent':"Mozilla/5.0 (Windows NT 10.0; WOW64)
                AppleWebKit/537.36 (KHTML, like Gecko)
                Chrome/72.0.121 Safari/537.36"}
    html = requests.get(url,headers = headers).text
    res = etree.HTML(html)
    trs = res.xpath('//*[@id = "content"]/div/div[1]/div/table/tr')
    for tr in trs:
        yield {
        'name':tr.xpath('./td[2]/div/a/text()')[0].strip(),
        'score': tr.xpath('./td[2]/div/span[2]/text()')[0].strip(),
        'comment': tr.xpath('./td[2]/div/span[3]/text()')[0]
                .replace('(','').replace(')','').strip(),
        'info':tr.xpath('./td[2]/p[1]/text()')[0].strip()
        }
if __name__ == '__main__':
    getUrl()
```

douban1.csv 的部分结果如图 10-7 所示。

```
红楼梦,9.6,335878人评价,[中] 曹雪芹 著 / 人民文学出版社 / 1996-12 / 59.70元
活着,9.4,599198人评价,余华 / 作家出版社 / 2012-8-1 / 20.00元
百年孤独,9.3,336807人评价,[哥伦比亚] 加西亚·马尔克斯 / 范晔 / 南海出版公司 / 2011-6 / 39.50元
1984,9.4,183362人评价,[英] 乔治·奥威尔 / 刘绍铭 / 北京十月文艺出版社 / 2010-4-1 / 28.00
飘,9.3,178216人评价,[美国] 玛格丽特·米切尔 / 李美华 / 译林出版社 / 2000-9 / 40.00元
三体全集,9.4,95010人评价,刘慈欣 / 重庆出版社 / 2012-1-1 / 168.00元
三国演义（全二册）,9.3,137529人评价,[中] 罗贯中 / 人民文学出版社 / 1998-05 / 39.50元
房思琪的初恋乐园,9.2,250606人评价,林奕含 / 北京联合出版公司 / 2018-2 / 45.00元
白夜行,9.1,346059人评价,[日] 东野圭吾 / 刘姿君 / 南海出版公司 / 2013-1-1 / 39.50元
动物农场,9.2,112986人评价,[英] 乔治·奥威尔 / 荣如德 / 上海译文出版社 / 2007-3 / 10.00元
福尔摩斯探案全集（上中下）,9.3,106032人评价,[英] 阿·柯南道尔 / 丁钟华 等 / 群众出版社 / 1981-8 / 53.00元/68.00元
小王子,9.0,638717人评价,[法] 圣埃克苏佩里 / 马振聘 / 人民文学出版社 / 2003-8 / 22.00元
天龙八部,9.1,113139人评价,金庸 / 生活·读书·新知三联书店 / 1994-5 / 96.00元
撒哈拉的故事,9.2,113193人评价,三毛 / 哈尔滨出版社 / 2003-8 / 15.80元
安徒生童话故事集,9.2,103015人评价,（丹麦）安徒生 / 叶君健 / 人民文学出版社 / 1997-08 / 25.00元
平凡的世界（全三部）,9.0,276321人评价,路遥 / 人民文学出版社 / 2005-1 / 64.00元
局外人,9.0,164267人评价,[法] 阿尔贝·加缪 / 柳鸣九 / 上海译文出版社 / 2010-8 / 22.00元
围城,8.9,400318人评价,钱锺书 / 人民文学出版社 / 1991-2 / 19.00
沉默的大多数,9.1,118708人评价,王小波 / 中国青年出版社 / 1997-10 / 27.00元
明朝那些事儿（1-9）,9.1,115322人评价,当年明月 / 中国海关出版社 / 2009-4 / 358.20元
霍乱时期的爱情,9.0,215176人评价,[哥伦比亚] 加西亚·马尔克斯 / 杨玲 / 南海出版公司 / 2012-9-1 / 39.50元
冰与火之歌（卷一）,9.3,35666人评价,[美] 乔治·R. R. 马丁 / 谭光磊 / 重庆出版社 / 2005-5 / 68.00元
哈利·波特,9.7,48746人评价,J.K.罗琳 (J.K.Rowling) / 苏农 / 人民文学出版社 / 2008-12-1 / 498.00元
杀死一只知更鸟,9.2,101726人评价,[美] 哈珀·李 / 高红梅 / 译林出版社 / 2012-9 / 32.00元
```

图 10-7 douban1.csv 的部分结果

习 题

在（ ）中填写语句完成要求的内容。

1. 通过 request 模块爬取"新浪新闻国内新闻"的源代码。

```
import requests
res = requests.get('http://news.sina.com.cn/china/')
```

```
res.encoding = 'utf - 8'      # 修改编码方式为 utf - 8,可以识别汉字
(                 )           # 输出源代码
```

2. 通过 BeautifulSoup4 模块将网页源代码中的有效内容提取出来(可联系下文的 soup)。

```
from bs4 import BeautifulSoup
html_sample = '
< html >
    < body >
    < h1 id = "title"> Hello World </h1 >
    < a href = " # " class = "link"> This is link1 </a >
    < a href = " # link2" class = "link"> This is link2 </a >
    </body >
</html >'
# 这里的'html.parser'是为了告诉 BeautifulSoup 这个 html_sample 的解析形式是 html 格式
soup = BeautifulSoup(html_sample, 'html.parser')
(              )
```

输出:

```
Hello World This is link1 This is link2
```

3. 使用 select 找出含有< h1 >标签的元素。

```
soup = BeautifulSoup(html_sample, 'html.parser')
header = soup.select('h1')
print(header)
print(header[0])
(              )
```

输出:

```
[< h1 id = "title"> Hello World </h1 >]
< h1 id = "title"> Hello World </h1 >
Hello World
```

4. 使用 select 找出含有< a >标签的元素(可联系上文的 soup)。

```
soup = BeautifulSoup(html_sample, 'html.parser')
alink = soup.select('a')
print(alink)
(              )
for link in alink:
    print(link)
    (              )
```

输出:

```
[< a class = "link" href = " # "> This is link1 </a >, < a class = "link" href = " # link2"> This is
link2 </a >]

< a class = "link" href = " # "> This is link1 </a >
```

```
This is link1
<a class="link" href="# link2"> This is link2 </a>
This is link2
```

5. 使用 select 找出所有 id 为 title 的元素(id 前面需加#),id 表示独立而不重复的元素(注:对于 class,因为它的元素会有重复,所以在该 class 的名称前加“.”,其他都一样)。

```
soup = BeautifulSoup(html_sample, 'html.parser')
header = soup.select('#title')
print(header)
(                    )
```

输出:

```
[<h1 id="title"> Hello World </h1>]
Hello World
```

6. 使用 select 找出所有标签的 href 链接。

```
soup = BeautifulSoup(html_sample, 'html.parser')
alinks = soup.select('a')
for link in alinks:
# href 是 Hypertext Reference 的缩写,意思是指定超链接目标的 URL,是 CSS 代码的一种
    (                    )
```

输出:

```
#
# link2
```

7. select 的应用。

```
a = '<a href="#" mnq=12345 abc=ghjlks> I am a teaher </a>'
soup2 = BeautifulSoup(a, 'html.parser')
print(soup2.select('a'))
print(soup2.select('a')[0])
print(soup2.select('a')[0]['abc'])
print(soup2.select('a')[0]['href'])
print(soup2.select('a')[0]['mnq'])
print(soup2.select('a')[0].text)
```

输出:

```
[<a abc="ghjlks" href="#" mnq="12345"> I am a teaher </a>]
<a abc="ghjlks" href="#" mnq="12345"> I am a teaher </a>
(                    )
(                    )
(                    )
(                    )
```

8. 爬取广州 2017 年 6 月至 8 月天气情况的历史数据。

下面使用的是 2017 年广州天气数据的 CSV 文件。数据来源于 http://lishi.tianqi.com/guangzhou/网站,爬取了 6 月到 8 月的天气数据。

按 F12 键打开开发人员工具，单击左上角的箭头图标，然后在页面中单击想查看的元素，源代码标签结构如图 10-8 所示。

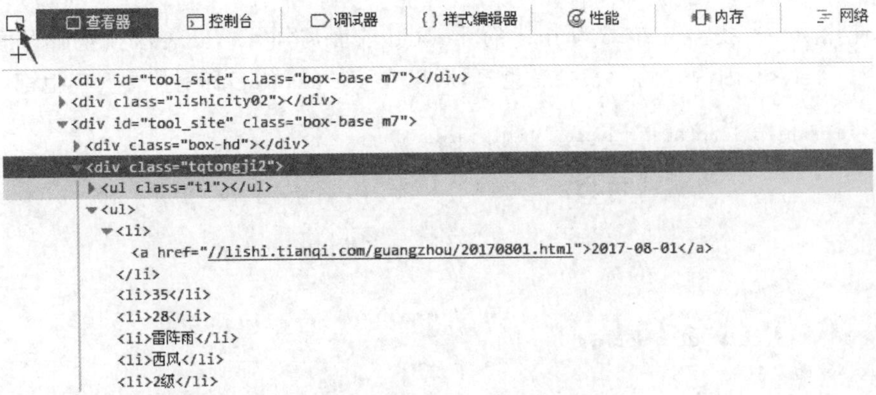

```
查看器  控制台  调试器  {}样式编辑器  性能  内存  网络
<div id="tool_site" class="box-base m7"></div>
<div class="lishicity02"></div>
<div id="tool_site" class="box-base m7">
  <div class="box-hd"></div>
  <div class="tqtongji2">
    <ul class="t1"></ul>
    <ul>
      <li>
        <a href="//lishi.tianqi.com/guangzhou/20170801.html">2017-08-01</a>
      </li>
      <li>35</li>
      <li>28</li>
      <li>雷阵雨</li>
      <li>西风</li>
      <li>2级</li>
```

图 10-8 天气数据的源代码标签结构

现在，就可以根据标签结构编写爬虫代码了：

```
import requests
from bs4 import BeautifulSoup
head = {'User - Agent':'Mozilla/5.0 (Windows NT 6.3; Win64; x64) AppleWebKit/537.36 (KHTML,
like Gecko) Chrome/56.0.2924.87 Safari/537.36'}
urls = ["http://lishi.tianqi.com/guangzhou/201708.html",
        "http://lishi.tianqi.com/guangzhou/201707.html",
        "http://lishi.tianqi.com/guangzhou/201706.html"]
file = open('guangzhou_2017.csv','w')
for url in urls:
    response = requests.get(url,headers = head)
    soup = BeautifulSoup(response.text, 'html.parser')
    weather_list = soup.select('.tqtongji2')
    # 或者 weather_list = soup.find_all('div',class_ = "tqtongji2")
    # 遍历天气数据：日期、最高温度、最低温度、天气情况、风向、风力
    for weather in weather_list:
        (          )
        i = 0
        for ul in ul_list:
            li_list = ul.select('li')
            str = ""
            for li in li_list:
                str += li.string + ','
            print(str)
            if i!= 0:
                file.write(str + '\n')
            i += 1
file.close()
```

程序运行的结果生成 guangzhou_2017. csv 文件，用记事本打开天气情况文件，如图 10-9 所示。

```
date,Max TemperatureC,Min TemperatureC,Description,WindDir,WindForce
2017-8-1,35,28,雷阵雨,西风,2级
2017-8-2,35,28,雷阵雨,东南风,1级
2017-8-3,31,27,中雨,南风,2级
2017-8-4,32,26,雷阵雨,东南风,2级
2017-8-5,33,26,雷阵雨,南风,1级
2017-8-6,35,26,多云,东南风,2级
2017-8-7,37,28,晴,南风,2级
2017-8-8,36,28,多云,南风,2级
2017-8-9,35,27,雷阵雨,南风,2级
2017-8-10,34,27,中雨,东南风,1级
2017-8-11,34,28,雷阵雨,西南风,1级
2017-8-12,35,28,多云,东南风,3级
2017-8-13,35,28,多云,南风,1级
2017-8-14,35,28,晴,南风,1级
2017-8-15,35,28,晴,东南风,2级
2017-8-16,34,28,雷阵雨,西风,1级
```

图 10-9　天气情况文件

第11章 数据可视化

11.1 学习要求

(1) 掌握数据可视化的常用方法。

(2) 掌握 Matplotlib 库的使用。

11.2 知识要点

数据可视化指的是通过可视化表示来探索数据，它与数据挖掘紧密相关。而数据挖掘指的是使用代码来探索数据集的规律和关联。数据集可以是用一行代码表示的小型数字列表，也可以是数以及字节的数据。

Matplotlib 安装教程

可以这样理解，数据可视化和数据挖掘都是探索数据和分析数据的一种手段，只不过数据挖掘是以代码为探索途径，而数据可视化是将数据转换为图形、图表这样可视的形式来进行分析。Matplotlib 是一个 Python 的 2D 绘图库，可以通过这个库将数据绘制成各种 2D 图形(直方图、散点图、条形图等)。Matplotlib 安装教程可通过识别左边二维码查看。

11.2.1 plot()函数

Matplotlib 的用法非常简单，对于最简单的折线图来说，程序只需根据需要给出对应的 X 轴、Y 轴数据，调用 pyplot 子模块下的 plot()函数即可生成简单的折线图。

假设分析从 2013 年至 2019 年的销售数据，此时可考虑将年份作为 X 轴数据，将图书各年销量作为 Y 轴数据。程序只要将 2013—2019 年定义成列表作为 X 轴数据，并将对应年份的销量作为 Y 轴数据即可。

【例 11-1】 使用如下简单的入门程序来展示《C 语言基础》从 2013 年至 2019 年的销售数据。

```
1. import matplotlib.pyplot as plt
2. # 定义 2 个列表分别作为 X 轴、Y 轴数据
3. x_data = ['2013', '2014', '2015', '2016', '2017', '2018', '2019']
4. y_data = [58000, 60200, 63000, 71000, 84000, 90500, 107000]
5. # 第一个列表代表横坐标的值,第二个代表纵坐标的值
6. plt.plot(x_data, y_data)
7. # 调用 show()函数显示图形
8. plt.show()
```

上面程序中，第 6 行代码调用 plot()函数根据 X 轴、Y 轴数据来生成折线图，第 8 行代码则调用 show()函数将折线图显示出来。运行上面程序，生成如图 11-1 所示的简单折线图。

如果在调用 plot()函数时只传入一个列表，该列表的数据将作为 Y 轴数据，那么 Matplotlib 会自动使用 0、1、2、3 等作为 X 轴数据。例如，将上面程序中的第 6 行代码改为如下形式：

```
plt.plot(y_data)
```

再次运行该程序，将看到如图 11-2 所示的结果。

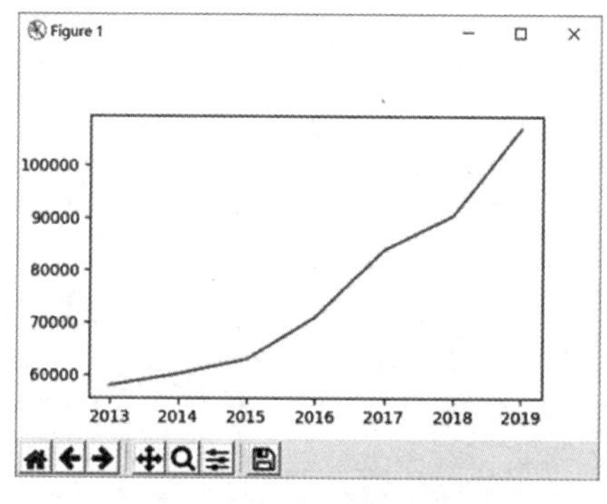

图 11-1　简单折线图

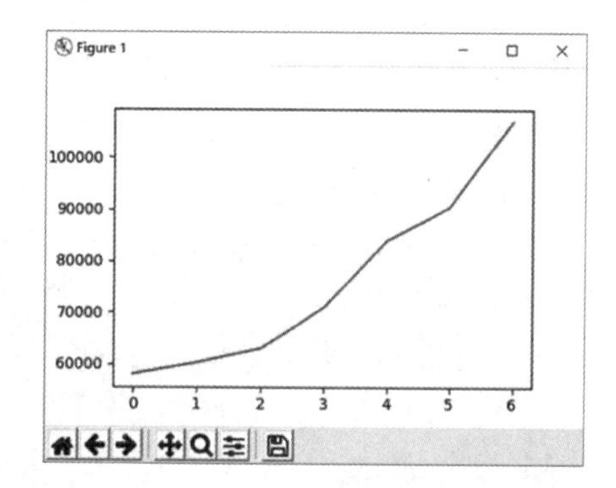

图 11-2　使用默认的 X 轴数据

plot()函数除了支持创建具有单条折线的折线图，也支持创建包含多条折线的复式折线图，只要在调用 plot()函数时传入多个分别代表 X 轴和 Y 轴数据的列表即可。

【例 11-2】 建立多条折线的折线图。

```
1. import matplotlib.pyplot as plt
2. x_data = ['2013', '2014', '2015', '2016', '2017', '2018', '2019']
3. # 定义 2 个列表分别作为两条折线的 Y 轴数据
4. y_data = [58000, 60200, 63000, 71000, 84000, 90500, 107000]
5. y_data2 = [52000, 54200, 51500,58300, 56800, 59500, 62700]
6. # 传入 2 组分别代表 X 轴、Y 轴的数据
7. plt.plot(x_data, y_data, x_data, y_data2)
8. # 调用 show()函数显示图形
9. plt.show()
```

上面程序在调用 plot()函数时，传入了两组分别代表 X 轴、Y 轴数据的列表，因此该程序可以显示两条折线，如图 11-3 所示。

也可以通过多次调用 plot()函数来生成多条折线。例如，将上面程序中第 7 行代码改为如下两行代码，程序同样会生成包含两条折线的复式折线图。

```
plt.plot(x_data, y_data)
plt.plot(x_data, y_data2)
```

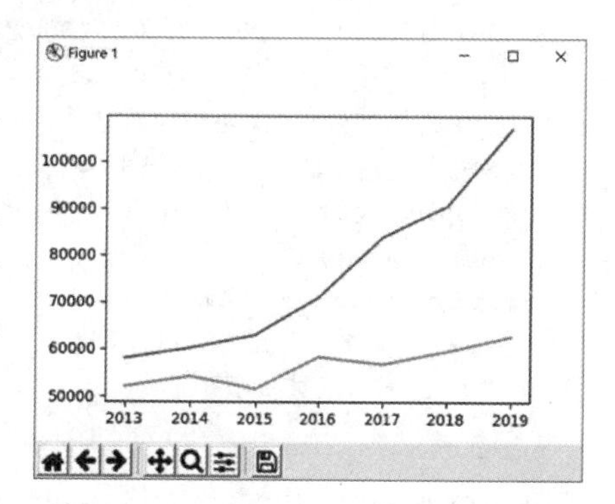

图 11-3　包含多条折线的复式折线图

在调用 plot()函数时还可以传入额外的参数来指定折线的样子,如线宽、颜色、样式等。

【例 11-3】 指定折线的具体显示形式。

```
1. import matplotlib.pyplot as plt
2. x_data = ['2011', '2012', '2013', '2014', '2015', '2016', '2017']
3. # 定义 2 个列表分别作为两条折线的 Y 轴数据
4. y_data = [58000, 60200, 63000, 71000, 84000, 90500, 107000]
5. y_data2 = [52000, 54200, 51500,58300, 56800, 59500, 62700]
6. # 指定折线的颜色、线宽和样式
7. plt.plot(x_data, y_data, color = 'red', linewidth = 2.0, linestyle = '--')
8. plt.plot(x_data, y_data2, color = 'blue', linewidth = 3.0, linestyle = '-.')
9. # 调用 show()函数显示图形
10. plt.show()
```

上面第 7、8 两行代码分别绘制了两条折线,并通过 color 指定折线的颜色,linewidth 指定线宽,linestyle 指定折线样式。

在使用 linestyle 指定折线样式时,该参数支持如下字符串参数值。

-:代表实线,这是默认值。

--:代表虚线。

·:代表点钱。

-.:代表短线、点相间的虚钱。

运行上面程序,可以看到如图 11-4 所示的折线图。

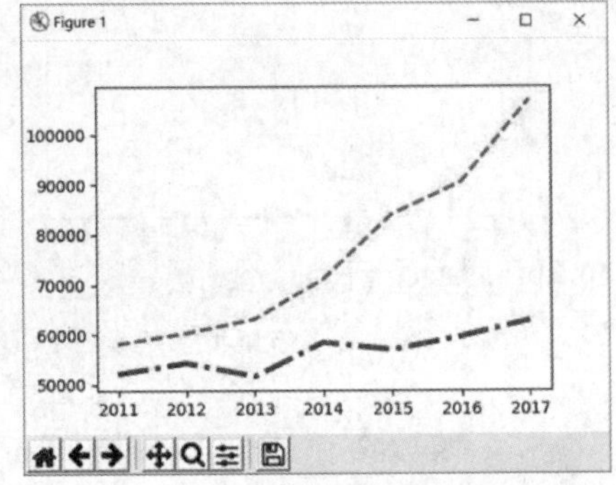

图 11-4 设置了折线的折线图

11.2.2 legend()函数

对于复式折线图来说,应该为每条折线都添加图例,此时可以通过 legend()函数来实现。对于该函数可传入两个列表参数,其中第一个列表参数(handles 参数)用于引用折线图上的每条折线;第二个列表参数(labels)代表为每条折线所添加的图例。

【例 11-4】 为折线添加图例。

```
import matplotlib.pyplot as plt
x_data = ['2011', '2012', '2013', '2014', '2015', '2016', '2017']
# 定义 2 个列表分别作为两条折线的 Y 轴数据
y_data = [58000, 60200, 63000, 71000, 84000, 90500, 107000]
y_data2 = [52000, 54200, 51500,58300, 56800, 59500, 62700]
# 指定折线的颜色、线宽和样式
ln1, = plt.plot(x_data, y_data, color = 'red', linewidth = 2.0, linestyle = '--')
ln2, = plt.plot(x_data, y_data2, color = 'blue', linewidth = 3.0, linestyle = '-.')
# 调用 legend()函数设置图例
plt.legend(handles = [ln2, ln1], labels = ['Android 基础', 'Java 基础'],
    loc = 'lower right')
# 调用 show()函数显示图形
plt.show()
```

上面程序在调用 plot()函数绘制折线图时,获取了该函数的返回值。由于该函数的返回值是一个列表，而此处只需要获取它返回的列表的第一个元素(第一个元素才代表该函数所绘制的折线图)，因此程序利用返回值的序列解包来获取。

上面程序中，为 ln2、ln1 所代表的折线添加图例(按传入该函数的两个列表的元素顺序一一对应)，其中 loc 参数指定图例的添加位置，该参数支持如下参数值。

best：自动选择最佳位置。

upper right：将图例放在右上角。

upper left：将图例放在左上角。

lower left：将图例放在左下角。

lower right：将图例放在右下角。

right：将图例放在右边。

center left：将图例放在左边居中的位置。

center right：将图例放在右边居中的位置。

lower center：将图例放在底部居中的位置。

upper center：将图例放在顶部居中的位置。

center：将图例放在中心。

运行上面程序，发现中文显示会出现乱码，这是因为 Matplotlib 默认不支持中文字体。如果希望在程序中修改 Matplotlib 的默认字体，则可按如下步骤进行：

```
plt.rcParams['font.sans-serif'] = ['SimHei']
# 调用 legend()函数设置图例
plt.legend(handles = [ln2, ln1], labels = ['Android 基础', 'Java 基础'],
    loc = 'lower right')
```

再次运行上面程序，将看到如图 11-5 所示的效果。

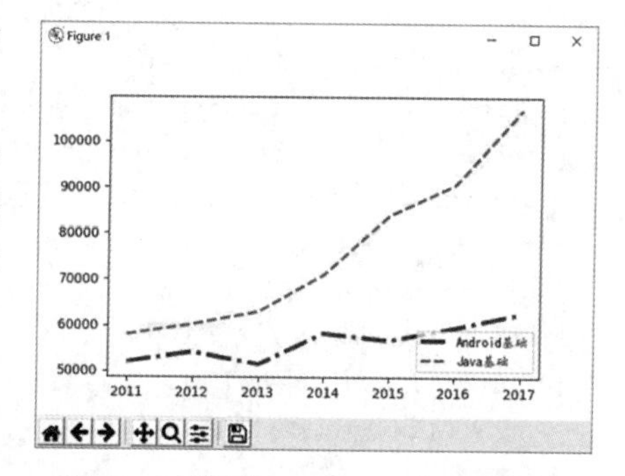

图 11-5　使用 legend()函数指定图例

在使用 legend()函数时可以不指定 handles 参数，只传入 labels 参数，这样该 labels 参数将按顺序为折线图中的多条折线添加图例。因此，可以将上面代码改为如下形式：

```
plt.legend(labels = ['Java 基础', 'Android 基础'],
loc = 'lower right')
```

上面代码只指定了 labels 参数，该参数传入的列表包含两个字符串，其中第一个字符串将作为第一条折线(虚线)的图例，第二个字符串将作为第二条折线(短线、点相间的虚线)的图例。

Matplotlib 也允许在调用 plot()函数时为每条折线分别传入 label 参数，这样程序在调用 legend()函数时就无须传入 labels、handles 参数了。例如：

```
import matplotlib.pyplot as plt
x_data = ['2013', '2014', '2015', '2016', '2017', '2018', '2019']
# 定义 2 个列表分别作为两条折线的 Y 轴数据
y_data = [58000, 60200, 63000, 71000, 84000, 90500, 107000]
y_data2 = [52000, 54200, 51500,58300, 56800, 59500, 62700]
```

```
# 正常显示中文标签
plt.rcParams['font.sans-serif'] = ['SimHei']
# 指定折线的颜色、线宽和样式
plt.plot(x_data, y_data, color = 'red', linewidth = 2.0,
    linestyle = '--', label = 'Java 基础')
plt.plot(x_data, y_data2, color = 'blue', linewidth = 3.0,
    linestyle = '-.', label = 'Android 基础')
# 调用 legend()函数设置图例
plt.legend(loc = 'best')
# 调用 show()函数显示图形
plt.show()
```

上面程序在调用 plot()函数时传入了 label 参数,这样每条折线本身已经具有图例了,因此程序在调用 legend()函数生成图例时无须传入 labels 参数。

11.2.3 title()、xlabel()、ylabel()、xticks()、yticks()函数

可以调用 xlable()和 ylabel()函数分别设置 X 轴、Y 轴的名称,也可以通过 title()函数设置整个数据图的标题,还可以调用 xticks()、yticks()函数分别改变 X 轴、Y 轴的刻度值(允许使用文本作为刻度值)。

【例 11-5】 为数据图添加名称、标题和坐标轴刻度值。

```
import matplotlib.pyplot as plt
x_data = ['2011', '2012', '2013', '2014', '2015', '2016', '2017']
# 定义 2 个列表分别作为两条折线的 Y 轴数据
y_data = [58000, 60200, 63000, 71000, 84000, 90500, 107000]
y_data2 = [52000, 54200, 51500,58300, 56800, 59500, 62700]
# 指定折线的颜色、线宽和样式
plt.rcParams['font.sans-serif'] = ['SimHei']
plt.plot(x_data, y_data, color = 'red', linewidth = 2.0,
    linestyle = '--', label = 'Java 基础')
plt.plot(x_data, y_data2, color = 'blue', linewidth = 3.0,
    linestyle = '-.', label = 'C 基础')
# 调用 legend()函数设置图例
plt.legend(loc = 'best')
# 设置两条坐标轴的名字
plt.xlabel("年份")
plt.ylabel("教程销量")
# 设置数据图的标题
plt.title('C 语言中文网的历年销量')
# 设置 Y 轴上的刻度值
# 第一个参数是点的位置,第二个参数是点的文字提示
plt.yticks([50000, 70000, 100000],
    [r'挺好', r'优秀', r'火爆'])
# 调用 show()函数显示图形
plt.show()
```

上面程序中的代码分别设置了 X 轴、Y 轴的标签,因此可以看到图 11-6 中的 X 轴和 Y 轴的标签发生了改变。如果要对 X 轴、Y 轴进行更细致的控制,则可调用 gca()函数来获取

坐标轴信息对象,然后对坐标轴进行控制。例如,控制坐标轴上刻度值的位置和坐标轴的位置等。

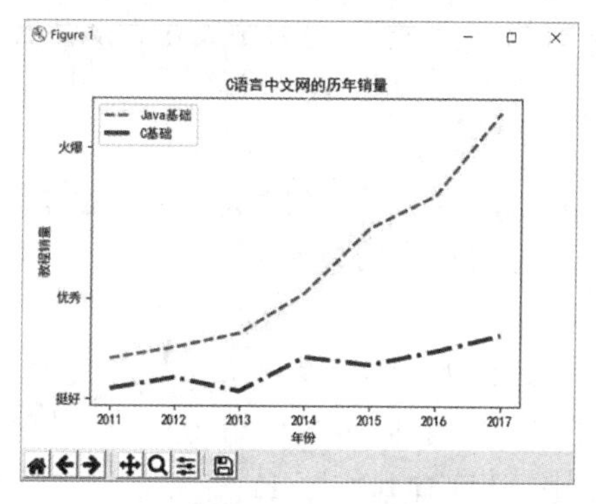

图 11-6　为数据图添加名称、标题和坐标轴刻度值

下面程序示范了对坐标轴的详细控制:

```
import matplotlib.pyplot as plt
x_data = ['2011', '2012', '2013', '2014', '2015', '2016', '2017']
# 定义 2 个列表分别作为两条折线的 Y 轴数据
y_data = [58000, 60200, 63000, 71000, 84000, 90500, 107000]
y_data2 = [52000, 54200, 51500,58300, 56800, 59500, 62700]
plt.rcParams['font.sans-serif'] = ['SimHei']
# 指定折线的颜色、线宽和样式
plt.plot(x_data, y_data, color = 'red', linewidth = 2.0,
    linestyle = '--', label = 'Java 基础')
plt.plot(x_data, y_data2, color = 'blue', linewidth = 3.0,
    linestyle = '-.', label = 'C 语言基础')
# 调用 legend()函数设置图例
plt.legend(loc = 'best')
# 设置两条坐标轴的名字
plt.xlabel("年份")
plt.ylabel("教程销量")
# 设置数据图的标题
plt.title('C 语言中文网的历年销量')
# 设置 Y 轴上的刻度值
# 第一个参数是点的位置,第二个参数是点的文字提示
plt.yticks([50000, 70000, 100000],[r'挺好', r'优秀', r'火爆'])
ax = plt.gca()
# 设置将 X 轴的刻度值放在底部 X 轴上
ax.xaxis.set_ticks_position('bottom')
# 设置将 Y 轴的刻度值放在左边 Y 轴上
ax.yaxis.set_ticks_position('left')
# 设置右边坐标轴线的颜色(设置为 none 表示不显示)
ax.spines['right'].set_color('none')
# 设置顶部坐标轴线的颜色(设置为 none 表示不显示)
ax.spines['top'].set_color('none')
# 定义底部坐标轴线的位置(放在 70000 数值处)
ax.spines['bottom'].set_position(('data', 70000))
# 调用 show()函数显示图形
```

```
plt.show()
```

上面程序获取了数据图上的坐标轴对象,它是一个 AxesSubplot 对象。接下来程序调用 AxesSubplot 的 xaxis 属性的 set_ticks_position()方法设置 X 轴刻度值的位置;与之对

应的是,调用 yaxis 属性的 set_ticks_position()方法设置 Y 轴刻度值的位置。

通过 AxesSubplot 对象的 spines 属性可以访问数据图四周的坐标轴线(Spine 对象),通过 Spine 对象可设置坐标轴线的颜色、位置等。例如,程序将数据图右边和顶部的坐标轴线设为 none,表示隐藏着两条坐标轴线。程序还将底部坐标轴线放在数值 70000 处。运行上面程序,可以看到如图 11-7 所示的效果。

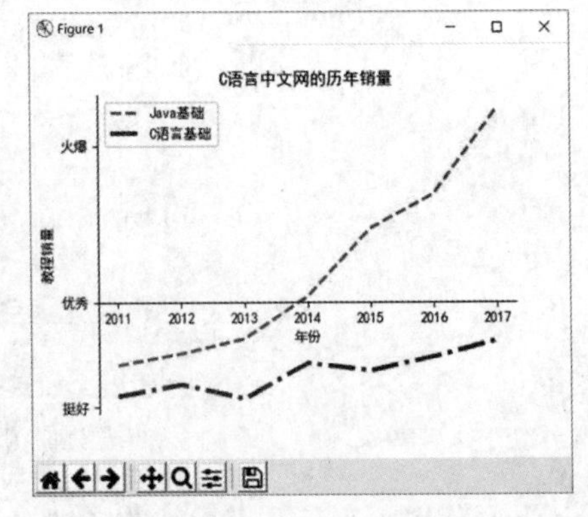

图 11-7 控制坐标轴

11.2.4 绘制饼图

使用 Matplotlib 提供的 pie()函数来绘制饼图。

下面是 TIOBE 2018 年 8 月的编程语言指数排行榜的前 10 名及其他。

Java:16.881%。

C:14.966%。

C++:7.471%。

Python:6.992%。

Visual Basic.NET:4.762%。

C#:3.541%。

PHP:2.925%。

JavaScript:2.411%。

SQL:2.316%。

Assembly language:1.409%。

其他:36.326%。

【例 11-6】 使用饼图来直观地展示编程语言指数排行榜。

```
import matplotlib.pyplot as plt
# 准备数据
data = [0.16881, 0.14966, 0.07471, 0.06992,
    0.04762, 0.03541, 0.02925, 0.02411, 0.02316, 0.01409, 0.36326]
# 准备标签
labels = ['Java', 'C', 'C++', 'Python',
    'Visual Basic .NET', 'C#', 'PHP', 'JavaScript',
    'SQL', 'Assembly langugage', '其他']
# 将第 4 个语言(Python)分离出来
explode = [0, 0, 0, 0.3, 0, 0, 0, 0, 0, 0, 0]
# 使用自定义颜色
colors = ['red', 'pink', 'magenta','purple','orange']
# 将横、纵坐标轴标准化处理,保证饼图是一个正圆,否则为椭圆
```

```
plt.axes(aspect = 'equal')
# 控制 X 轴和 Y 轴的范围(用于控制饼图的圆心,半径)
plt.xlim(0,8)
plt.ylim(0,8)
plt.rcParams['font.sans - serif'] = ['SimHei']
# 绘制饼图
plt.pie(x = data,                                # 绘图数据
    labels = labels,                             # 添加编程语言标签
    explode = explode,                           # 突出显示 Python
    colors = colors,                             # 设置饼图的自定义填充色
    autopct = '%.3f%%',                          # 设置百分比的格式,此处保留 3 位小数
    pctdistance = 0.8,                           # 设置百分比标签与圆心的距离
    labeldistance = 1.15,                        # 设置标签与圆心的距离
    startangle = 180,                            # 设置饼图的初始角度
    center = (4, 4),                             # 设置饼图的圆心(相当于 X 轴和 Y 轴的范围)
    radius = 3.8,                                # 设置饼图的半径(相当于 X 轴和 Y 轴的范围)
    counterclock = False,                        # 是否逆时针,这里设置为顺时针方向
    wedgeprops = {'linewidth': 1, 'edgecolor':'green'},       # 设置饼图内外边界的属性值
    textprops = {'fontsize':12, 'color':'black'},             # 设置文本标签的属性值
    frame = 1)                                   # 是否显示饼图的圆圈,此处设为显示
# 不显示 X 轴和 Y 轴的刻度值
plt.xticks(())
plt.yticks(())
# 添加图标题
plt.title('2018 年 8 月的编程语言指数排行榜')
# 显示图形
plt.show()
```

上面程序调用 pie()函数来生成饼图。创建饼图最重要的两个参数就是 x 和 labels,其中 x 指定饼图各部分的数值,labels 则指定各部分对应的标签。运行上面程序,可以看到如图 11-8 所示的效果。

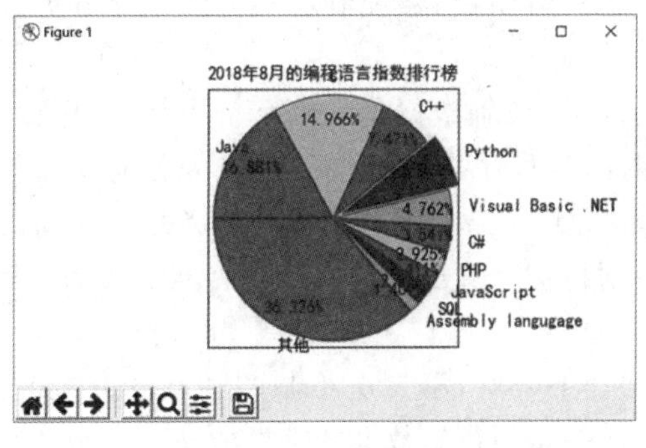

图 11-8　pie 绘制饼图

11.2.5　绘制柱状图

使用 Matplotlib 提供的 bar()函数来绘制柱状图。与前面介绍的 plot()函数类似,程序每次调用 bar()函数时都会生成一组柱状图,如果希望生成多组柱状图,则可通过多次调用 bar()函数来实现。

【例 11-7】 使用柱状图来展示《C 语言基础》和《Java 基础》历年的销量数据。

```
import matplotlib.pyplot as plt
import numpy as np
# 构建数据
x_data = ['2011', '2012', '2013', '2014', '2015', '2016', '2017']
y_data = [58000, 60200, 63000, 71000, 84000, 90500, 107000]
y_data2 = [52000, 54200, 51500,58300, 56800, 59500, 62700]
plt.rcParams['font.sans-serif'] = ['SimHei']
# 绘图
plt.bar(x = x_data, height = y_data, label = 'C 语言基础', color = 'steelblue', alpha = 0.8)
plt.bar(x = x_data, height = y_data2, label = 'Java 基础', color = 'indianred', alpha = 0.8)
# 在柱状图上显示具体数值, ha 参数控制水平对齐方式, va 参数控制垂直对齐方式
for x, y in enumerate(y_data):
    plt.text(x, y + 100, '%s' % y, ha = 'center', va = 'bottom')
for x, y in enumerate(y_data2):
    plt.text(x, y + 100, '%s' % y, ha = 'center', va = 'top')
plt.title("Java 与 Android 图书对比")  # 设置标题
# 为两条坐标轴设置名称
plt.xlabel("年份")
plt.ylabel("销量")
plt.legend()                              # 显示图例
plt.show()
```

上面程序中,plt.bar 代码用于在数据图上生成两组柱状图,程序设置了这两组柱状图的颜色和透明度。

在使用 bar()函数绘制柱状图时,默认不会在柱状图上显示具体的数值。为了能在柱状图上显示具体的数值,程序可以调用 text()函数在数据图上输出文字,如上面程序中代码所示。

在使用 text()函数输出文字时,该函数的前两个参数控制输出文字的 X、Y 坐标,第三个参数则控制输出的内容。其中,ha 参数控制文字的水平对齐方式,va 参数控制文字的垂直对齐方式。

对于上面的程序来说,由于 X 轴数据是一个字符串列表,因此 X 轴实际上是以列表元素的索引作为刻度值。因此,当程序指定输出文字的 X 坐标为 0 时,表明将该文字输出到第一个条柱处;对于 Y 坐标而言,条柱的数值正好在条柱高度所在处,如果指定 Y 坐标为条柱的数值+100,就是控制将文字输出到条柱略上一点的位置。运行上面程序,可以看到如图 11-9 所示的效果。

从图 11-9 所示的显示效果来看,第二次绘制的柱状图完全与第一次绘制的柱状图重叠,这并不是期望的结果,而是希望每组数据的条柱能并列显示。

为了实现条柱并列显示的效果,首先分析条柱重叠在一起的原因。使用 Matplotlib 绘制柱状图时同样也需要 X 轴数据,本程序的 X 轴数据是元素为字符串的列表,因此程序实际上使用各字符串的索引作为 X 轴数据。例如,'2012' 字符串位于列表的第一个位置,因此代表该条柱的数据就被绘制在 X 轴的刻度值 1 处(由于两个柱状图使用了相同的 X 轴数据,因此它们的条柱完全重合在一起)。

为了将多个柱状图的条柱并列显示,程序需要为这些柱状图重新计算不同的 X 轴数

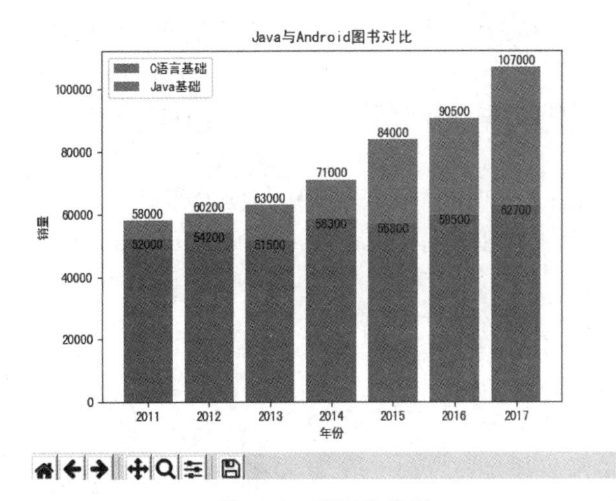

图 11-9　两组柱状图

据。为了精确控制条柱的宽度，程序可以在调用 bar()函数时传入 width 参数，这样可以更好地计算条柱的并列方式。将上面程序改为如下形式：

```
import matplotlib.pyplot as plt
import numpy as np
# 构建数据
x_data = ['2011', '2012', '2013', '2014', '2015', '2016', '2017']
y_data = [58000, 60200, 63000, 71000, 84000, 90500, 107000]
y_data2 = [52000, 54200, 51500,58300, 56800, 59500, 62700]
plt.rcParams['font.sans-serif'] = ['SimHei']
bar_width = 0.3
# 将 X 轴数据改为使用 range(len(x_data), 就是 0、1、2...
plt.bar(x = range(len(x_data)), height = y_data, label = 'C 语言基础',
    color = 'steelblue', alpha = 0.8, width = bar_width)
# 将 X 轴数据改为使用 np.arange(len(x_data)) + bar_width
# 就是 bar_width,1 + bar_width,2 + bar_width, …,这样就和第一个柱状图并列了
plt.bar(x = np.arange(len(x_data)) + bar_width, height = y_data2,
    label = 'Java 基础', color = 'indianred', alpha = 0.8, width = bar_width)
# 在柱状图上显示具体数值, ha 参数控制水平对齐方式, va 参数控制垂直对齐方式
for x, y in enumerate(y_data):
    plt.text(x, y + 100, '%s' % y, ha = 'center', va = 'bottom')
for x, y in enumerate(y_data2):
    plt.text(x + bar_width, y + 100, '%s' % y, ha = 'center', va = 'top')
# 设置标题
plt.title("C 与 Java 对比")
# 为两条坐标轴设置名称
plt.xlabel("年份")
plt.ylabel("销量")
# 显示图例
plt.legend()
plt.show()
```

该程序与前一个程序的区别就在于 plt.bar 两行代码，这两行代码使用了不同的 x 参数，其中第一个柱状图的 X 轴数据为 range(len(x_data))，也就是 0,1,2,…，这样第一个柱

状图的各条柱恰好位于 0,1,2,…刻度值处；第二个柱状图的 X 轴数据为 np.arange(len(x_data))+bar_width,也就是 bar_width,1+bar_width,2+bar_width,…,这样第二个柱状图的各条柱位于 0,1,2,…刻度值的偏右一点 bar_width 处,这样就恰好与第一个柱状图的各条柱并列。

运行上面程序,将会发现该柱状图的 X 轴的刻度值变成 0,1,2 等值,不再显示年份。为了让柱状图的 X 轴的刻度值显示年份,程序可以调用 xticks()函数重新设置 X 轴的刻度值。

例如,在程序中添加如下代码：

```
# 为 X 轴设置刻度值
plt.xticks(np.arange(len(x_data)) + bar_width/2, x_data)
```

上面代码使用 x_data 为 X 轴设置刻度值,第一个参数用于控制各刻度值的位置,该参数是 np.arange(len(x_data))+bar_width/2,也就是 bar_width/2,1+bar_width/2,2+bar_width/2 等,这样这些刻度值将被恰好添加在两个条柱之间。运行上面程序,可看到如图 11-10 所示的运行结果。

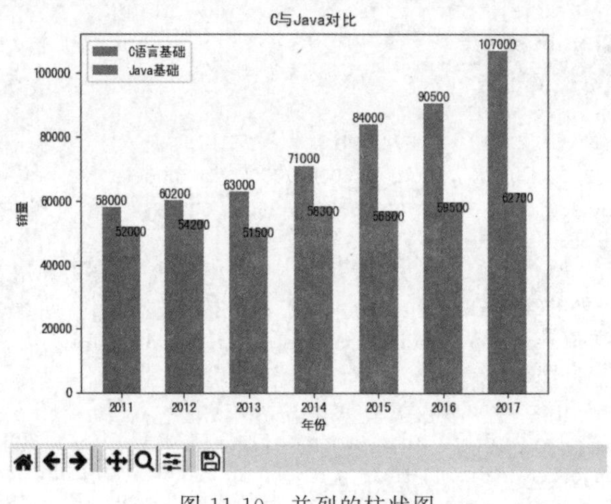

图 11-10　并列的柱状图

有些时候,可能希望两个条柱之间有一点缝隙,那么程序只要对第二个条柱的 X 轴数据略做修改即可。例如,将上面程序中代码改为如下形式：

```
plt.bar(x = np.arange(len(x_data)) + bar_width + 0.05, height = y_data2,
    label = 'Java 基础', color = 'indianred', alpha = 0.8, width = bar_width)
```

上面代码重新计算了 X 轴数据,使用 np.arange(len(x_data))+bar_width+0.05 作为 X 轴数据,因此两组柱状图的条柱之间会有 0.05 的距离。

调用 Matplotlib 的 barh()函数可以生成水平柱状图。barh()函数的用法与 bar()函数的用法基本一样,只是在调用 barh()函数时使用 y 参数传入 Y 轴数据,使用 width 参数传入代表条柱宽度的数据。

【例 11-8】 调用 barh()函数生成两组并列的水平柱状图,展示两套教程历年的销量统计数据。

```
import matplotlib.pyplot as plt
import numpy as np
x_data = ['2011', '2012', '2013', '2014', '2015', '2016', '2017']
y_data = [58000, 60200, 63000, 71000, 84000, 90500, 107000]
y_data2 = [52000, 54200, 51500,58300, 56800, 59500, 62700]
plt.rcParams['font.sans-serif'] = ['SimHei']
bar_width = 0.3
# Y轴数据使用 range(len(x_data), 就是 0,1,2,...
plt.barh(y = range(len(x_data)), width = y_data, label = 'Java基础教程',
    color = 'steelblue', alpha = 0.8, height = bar_width)
# Y轴数据使用 np.arange(len(x_data)) + bar_width,
# 就是 bar_width,1 + bar_width,2 + bar_width, …,这样就和第一个柱状图并列
plt.barh(y = np.arange(len(x_data)) + bar_width, width = y_data2,
    label = 'C语言基础', color = 'indianred', alpha = 0.8, height = bar_width)
# 在柱状图上显示具体数值, ha参数控制水平对齐, va参数控制垂直对齐
for y, x in enumerate(y_data):
    plt.text(x + 5000, y - bar_width/2, '%s' % x, ha = 'center', va = 'bottom')
for y, x in enumerate(y_data2):
    plt.text(x + 5000, y + bar_width/2, '%s' % x, ha = 'center', va = 'bottom')
# 为Y轴设置刻度值
plt.yticks(np.arange(len(x_data)) + bar_width/2, x_data)
plt.title("Java与C对比")          # 设置标题
# 为两条坐标轴设置名称
plt.xlabel("销量")
plt.ylabel("年份")
plt.legend()                      # 显示图例
plt.show()
```

上面程序中,使用barh()函数来创建水平柱状图,其中y参数为range(len(x_data)),这意味着这些条柱将会沿着Y轴均匀分布;而width参数为y_data,这意味着y_data列表所包含的数值会决定各条柱的宽度。运行上面程序,可以看到如图11-11所示的结果。

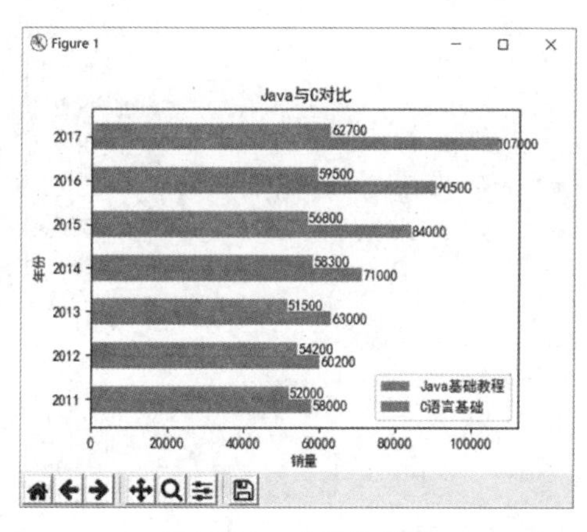

图11-11　水平柱状图

11.2.6　绘制散点图

散点图和折线图需要的数组非常相似,区别是折线图会将各数据点连接起来;而散点

图则只是描绘各数据点,并不会将这些数据点连接起来。

调用 Matplotlib 的 scatter()函数来绘制散点图,该函数支持如下常用参数。

x:指定 X 轴数据。

y:指定 Y 轴数据。

s:指定散点的大小。

c:指定散点的颜色。

alpha:指定散点的透明度。

linewidths:指定散点边框线的宽度。

edgecolors:指定散点边框的颜色。

marker:指定散点的图形样式。参数支持'.'(点标记)、','(像素标记)、'o'(圆形标记)、'v'(向下三角形标记)、'^'(向上三角形标记)、'<'(向左三角形标记)、'>'(向右三角形标记)、'1'(向下三叉标记)、'2'(向上三叉标记)、'3'(向左三叉标记)、'4'(向右三叉标记)、's'(正方形标记)、'p'(五边形标记)、'*'(星形标记)、'h'(八边形标记)、'H'(另一种八边形标记)、'+'(加号标记)、'x'(x 标记)、'D'(菱形标记)、'd'(尖菱形标记)、'|'(竖线标记)、'_'(横线标记)等值。

cmap:指定散点的颜色映射,会使用不同的颜色来区分散点的值。

【例 11-9】 使用 scatter()函数来绘制散点图。

```
import matplotlib.pyplot as plt
import numpy as np
plt.figure()
plt.rcParams['font.sans-serif'] = ['SimHei']
# 定义从-pi 到 pi 之间的数据,平均取 64 个数据点
x_data = np.linspace(-np.pi, np.pi, 64, endpoint = True)
# 沿着正弦曲线绘制散点图
plt.scatter(x_data, np.sin(x_data), c = 'purple',       # 设置点的颜色
    s = 50,                                             # 设置点半径
    alpha = 0.5,                                        # 设置透明度
    marker = 'p',                                       # 设置使用五边形标记
    linewidths = 1,                                     # 设置边框的线宽
    edgecolors = ['green', 'yellow'])                   # 设置边框的颜色
# 绘制第二个散点图(只包含一个起点),突出起点
plt.scatter(x_data[0], np.sin(x_data)[0], c = 'red',    # 设置点的颜色
    s = 150,                                            # 设置点半径
    alpha = 1)                                          # 设置透明度
# 绘制第三个散点图(只包含一个结束点),突出结束点
plt.scatter(x_data[63], np.sin(x_data)[63],
    c = 'black',                                        # 设置点的颜色
    s = 150,                                            # 设置点半径
    alpha = 1)                                          # 设置透明度
plt.gca().spines['right'].set_color('none')
plt.gca().spines['top'].set_color('none')
plt.gca().spines['bottom'].set_position(('data', 0))
plt.gca().spines['left'].set_position(('data', 0))
plt.title('正弦曲线的散点图')
plt.show()
```

上面程序使用 NumPy 中的 linespace()函数创建了一个列表作为 X 轴数据，程序使用 np. sin()函数计算一系列正弦值作为 Y 轴数据。程序中 plt. scatter 代码负责生成一个散点图，该散点图包含 64 个数据点。此外，程序调用了两次 scatter()函数，这意味将会叠加两个散点图。后面两次绘制散点图的代码分别用于绘制 x_data、sin(x+data)的第一个点和最后一个点，这样即可突出显示散点图的起点和结束点。运行上面程序，可以看到如图 11-12 所示的结果。

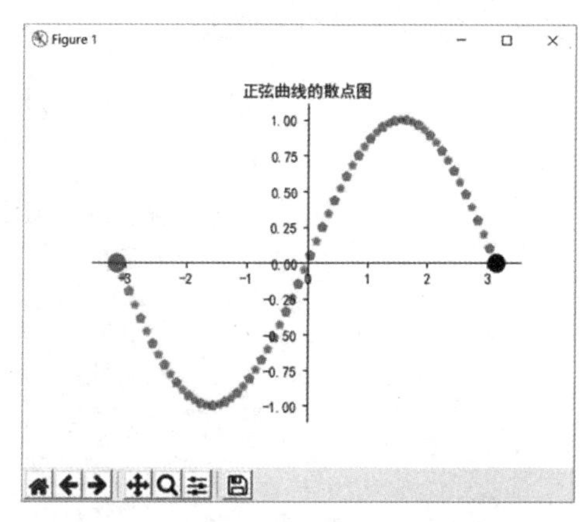

图 11-12　调用 scatter()函数绘制散点图

11.2.7　绘制等高线

等高线图需要的是三维数据，其中 X、Y 轴数据决定坐标点，还需要对应的高度数据(相当于 Z 轴数据)来决定不同坐标点的高度。

有了合适的数据之后，程序调用 contour()函数绘制等高线，调用 contourf()函数为等高线图填充颜色。

在调用 contour()、contourf()函数时可以指定如下常用参数：

x：指定 X 轴数据。

y：指定 Y 轴数据。

z：指定 X、Y 坐标对应点的高度数据。

colors：指定不同高度的等高线的颜色。

alpha：指定等高线的透明度。

cmap：指定等高线的颜色映射，即自动使用不同的颜色来区分不同的高度区域。

linewidths：指定等高线的宽度。

linestyles：指定等高线的样式。

【例 11-10】　使用 contour()、contourf()函数来绘制等高线图。

```
import matplotlib.pyplot as plt
import numpy as np
delta = 0.025
# 生成代表 X 轴数据的列表
x = np.arange( - 3.0, 3.0, delta)
# 生成代表 Y 轴数据的列表
```

```
y = np.arange( - 2.0, 2.0, delta)
# 对 x、y 数据执行网格化
X, Y = np.meshgrid(x, y)
Z1 = np.exp( - X ** 2 - Y ** 2)
Z2 = np.exp( - (X - 1) ** 2 - (Y - 1) ** 2)
# 计算 Z 轴数据(高度数据)
Z = (Z1 - Z2) * 2
plt.rcParams['font.sans - serif'] = ['SimHei']
# 为等高线图填充颜色, 16 指定将等高线分为几部分
plt.contourf(x, y, Z, 16, alpha = 0.75,
    cmap = 'rainbow')                          # 使用颜色映射来区分不同高度的区域
# 绘制等高线
C = plt.contour(x, y, Z, 16,
    colors = 'black',                          # 指定等高线的颜色
    linewidth = 0.5)                           # 指定等高线的线宽
# 绘制等高线数据
plt.clabel(C, inline = True, fontsize = 10)
# 去除坐标轴
plt.xticks(())
plt.yticks(())
# 设置标题
plt.title("等高线图")
# 为两条坐标轴设置名称
plt.xlabel("纬度")
plt.ylabel("经度")
plt.show()
```

上面程序中,plt.contourf 行代码用于为等高线图填充颜色,此处指定了 cmap 参数,这意味着程序将会使用不同的颜色映射来区分不同高度的区域;调用 contour()函数来绘制等高线。运行上面程序,可以看到如图 11-13 所示的结果。

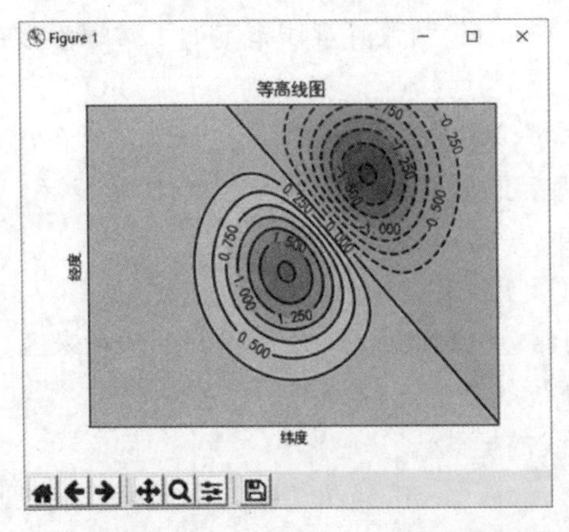

图 11-13　调用 contour()和 contourf()函数绘制等高线图

11.2.8　绘制 3D 图形

3D 图形需要的数据与等高线图基本相同:X、Y 数据决定坐标点;Z 轴数据决定 X、Y 坐标点对应的高度。与等高线图使用等高线来代表高度不同,3D 图形将会以更直观的形式

来表示高度。

为了绘制3D图形，需要调用Axes3D对象的plot_surface()方法来完成。

【例11-11】 使用与前面等高线图相同的数据来绘制3D图形。

```
import matplotlib.pyplot as plt
import numpy as np
from mpl_toolkits.mplot3d import Axes3D
fig = plt.figure(figsize = (12, 8))
ax = Axes3D(fig)
delta = 0.125
# 生成代表 X 轴数据的列表
x = np.arange( - 3.0, 3.0, delta)
# 生成代表 Y 轴数据的列表
y = np.arange( - 2.0, 2.0, delta)
# 对 x、y 数据执行网格化
X, Y = np.meshgrid(x, y)
Z1 = np.exp( - X ** 2 - Y ** 2)
Z2 = np.exp( - (X - 1) ** 2 - (Y - 1) ** 2)
Z = (Z1 - Z2) * 2    # 计算 Z 轴数据(高度数据)
plt.rcParams['font.sans - serif'] = ['SimHei']
# 绘制 3D 图形
ax.plot_surface(X, Y, Z,
    rstride = 1,                           # rstride(row)指定行的跨度
    cstride = 1,                           # cstride(column)指定列的跨度
    cmap = plt.get_cmap('rainbow'))        # 设置颜色映射
# 设置 Z 轴范围
ax.set_zlim( - 2, 2)
plt.title("3D 图")                         # 设置标题
plt.show()
```

上面程序开始准备了和前一个程序相同的数据，只是该程序将delta设置为0.125，这样可以避免生成太多的数据点（在绘制3D图形时，计算开销较大，如果数据点太多，Matplotlib将会很卡）。

程序中调用Axes3D对象的plot_surface()方法来绘制3D图形，其中X、Y参数负责确定坐标点，Z参数决定X、Y坐标点的高度数据。

运行上面程序，可以看到如图11-14所示的3D图形。

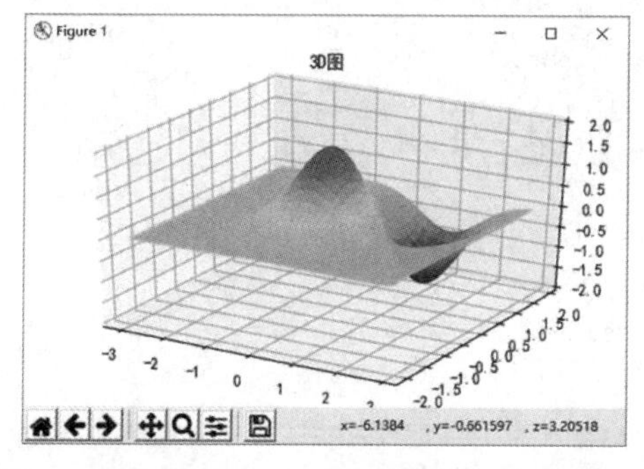

图11-14　调用plot_surface()方法绘制3D图形

11.3 应用举例

【例 11-12】 利用 Python+Matplotlib 对泰坦尼克号进行数据分析。

(1) 导入数据。

视频讲解

```
import pandas as pd
import numpy as np
import matplotlib.pyplot as plt
import seaborn as sns                          # 用于导入 Seaborn 库
data = pd.read_csv("Titanic.csv")
```

数据包括是否幸存、舱位等级、姓名、性别、年龄等字段,如表 11-1 所示。

表 11-1 Titanic.csv 数据

	PassengerId	Survived	Pclass	Name	Sex	Age	SibSp	Parch	Ticket	Fare	Cabin	Embarked
0	1	0	3	Braund, Mr. Owen Harris	male	22.0	1	0	A/5 21171	7.2500	NaN	S
1	2	1	1	Cumings, Mrs. John Bradley (Florence Briggs Th...	female	38.0	1	0	PC 17599	71.2833	C85	C
2	3	1	3	Heikkinen, Miss. Laina	female	26.0	0	0	STON/O2. 3101282	7.9250	NaN	S
3	4	1	1	Futrelle, Mrs. Jacques Heath (Lily May Peel)	female	35.0	1	0	113803	53.1000	C123	S
4	5	0	3	Allen, Mr. William Henry	male	35.0	0	0	373450	8.0500	NaN	S

(2) 不同舱位等级中幸存者和遇难者的乘客比例。

```
classes = []
survived_s = [[], []]
for pclass, items in data.groupby(by = ['Pclass']):
    classes.append(pclass)
    count0 = items[items['Survived'] == 0]['Survived'].count()
    count1 = items[items['Survived'] == 1]['Survived'].count()
    survived_s[0].append(count0)
    survived_s[1].append(count1)
# 绘制图形
plt.bar(classes, survived_s[0], color = 'r', width = 0.3)
plt.bar(classes, survived_s[1], bottom = survived_s[0], color = 'g', width = 0.3)
# 添加文字
for i, pclass in enumerate(classes):
    totals = survived_s[0][i] + survived_s[1][i]
    plt.text(pclass, survived_s[0][i] // 2, '%.2f%%' % ((survived_s[0][i]) / totals *
100), ha = 'center')
    plt.text(pclass, survived_s[0][i] + survived_s[1][i] // 2, '%.2f%%' % ((survived_s
[1][i]) / totals * 100), ha = 'center')
plt.xticks(classes, classes)
plt.ylim([0, 600])
plt.legend(['die', 'survive'], loc = 'upper right')
plt.grid(axis = 'y', color = 'gray', linestyle = ':', linewidth = 2)
plt.xlabel("class")
```

```
plt.ylabel("number")
plt.show()
```

运行结果如图 11-15 所示。从运行结果来看，舱位级别越高，死亡人数越少。

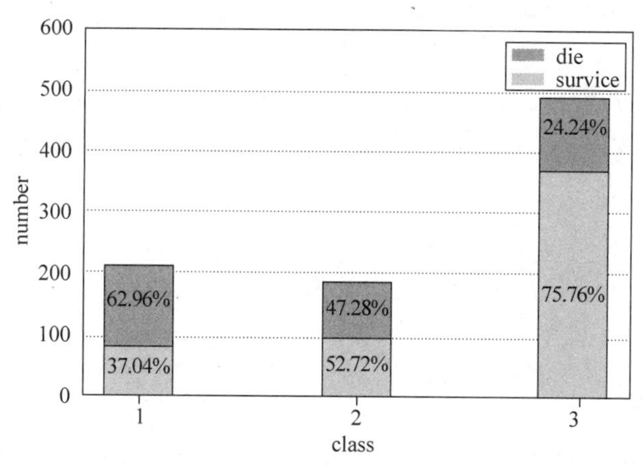

图 11-15　不同舱位等级中幸存者和遇难者的乘客比例

（3）性别对幸存比例的影响。

Seaborn 是基于 Matplotlib 的 Python 可视化库。它提供了一个高级界面来绘制有吸引力的统计图形。Seaborn 其实是在 Matplotlib 的基础上进行了更高级的 API 封装，从而使得作图更加容易，不需要经过大量的调整就能使图变得精致。但要强调的是，应该把 Seaborn 视为 Matplotlib 的补充，而不是替代物。

用 Matplotlib 能够完成一些基本的图表操作，而 Seaborn 库可以让这些图的表现更加丰富。

下面用 Seaborn 的小提琴图描述性别对幸存比例的影响。

```
import seaborn as sns
sns.violinplot("Sex", "Age", hue = "Survived", data = data, split = True)
```

运行结果如图 11-16 所示。可以看出，女性获救的比例要稍微大点，这也符合当时船长的命令。

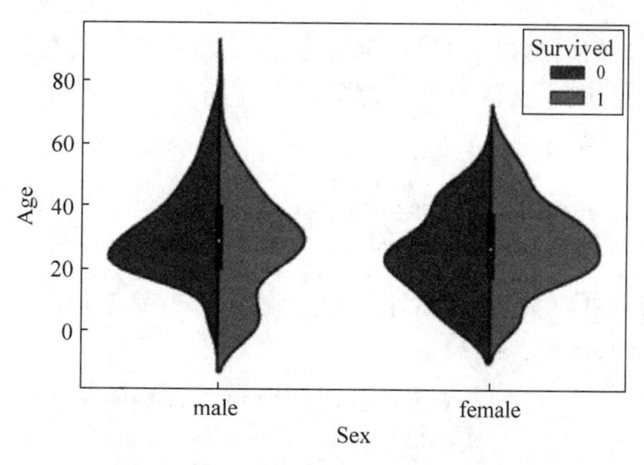

图 11-16　性别对幸存比例的影响

习 题

在(　　)中填写语句完成要求的内容。

1. Python 读取 CSV 文件。

前面程序展示的数据都是直接通过程序给出的,但实际应用可能需要展示不同来源(如文件、网络)、不同格式(如 CSV、JSON)的数据,这些数据可能有部分是损坏的,因此程序需要对这些数据进行处理。

CSV 文件格式的本质是一种以文本存储的表格数据(使用 Excel 工具即可读写 CSV 文件)。CSV 文件的每行代表一行数据,每行数据中每个单元格内的数据以逗号隔开。

Python 提供了 csv 模块来读写 CSV 文件。由于 CSV 文件的格式本身比较简单(通常第一行是表头,用于说明每列数据的含义,接下来每行代表一行数据),因此使用 csv 模块读取 CSV 文件也非常简单:

循环调用 CSV 读取器的 next()方法,逐行读取 CSV 文件内容即可。next()方法返回一个列表代表一行数据,列表的每个元素代表一个单元格数据。

下面使用的是 2017 年广州天气数据的 CSV 文件。数据来源于 http://lishi.tianqi.com/网站,第 10 章中的练习题爬取了 6 月至 8 月的天气数据。下面程序示范了使用 CSV 读取器来读取 CSV 文件的内容。

```
1. import csv
2. filename = 'guangzhou¬_2017.csv'
3. # 打开文件
4. with open(filename) as f:
5.     # 创建 csv 文件读取器
6.     reader = csv.reader(f)
7.     # 读取第一行,这行是表头数据
8.     header_row = next(reader)
9.     print(header_row)
10.    # 读取第二行,这行是真正的数据
11.    first_row = next(reader)
12.    print(first_row)
```

上面程序中第 6 行代码创建了 CSV 读取器,第 8 行、第 11 行代码各读取文件的一行,其中第 8 行代码会返回 CSV 文件的表头数据;第 11 行代码会返回真正的数据。运行上面程序,可以看到如下输出结果:

```
['Date', 'Max TemperatureC', 'Min TemperatureC', 'Description', 'WindDir', 'WindForce']
['2017-8-1', '35', '28', '雷阵雨', '西风', '2 级']
```

从上面的输出结果可以看到,该文件的每行包含 6 个数据,分别是日期、最高温度、最低温度、天气情况、风向、风力。

2. 利用 Matplotlib 展示 2017 年 7 月广州的最高气温和最低气温。

```
import csv
from datetime import datetime
```

```
from matplotlib import pyplot as plt
filename = 'guangzhou_2017.csv'
# 打开文件
with open(filename) as f:
    # 创建 CSV 文件读取器
    reader = csv.reader(f)
    # 读取第一行,这行是表头数据
    header_row = next(reader)
    print(header_row)
    # 定义读取起始日期
    start_date = datetime(2017, 6, 30)
    # 定义结束日期
    end_date = datetime(2017, 8, 1)
    # 定义 3 个列表作为展示的数据
    dates, highs, lows = [], [], []
    for row in reader:
        # 将第一列的值格式化为日期
        d = datetime.strptime(row[0], '%Y-%m-%d')
        # 只展示 2017 年 7 月的数据
        if start_date < d < end_date:
            dates.append(d)
            highs.append(int(row[1]))
            lows.append(int(row[2]))
# 配置图形
fig = plt.figure(dpi = 128, figsize = (12, 9))
plt.rcParams['font.sans-serif'] = ['SimHei']  # 正常显示中文标签
# 绘制最高气温的折线
plt.plot(dates, highs, c = 'red', label = '最高气温',
    alpha = 0.5, linewidth = 2.0, linestyle = '-', marker = 'v')
# 再绘制一条折线
plt.plot(dates, lows, c = 'blue', label = '最低气温',
    alpha = 0.5, linewidth = 3.0, linestyle = '-.', marker = 'o')
# 为两个数据的绘图区域填充颜色
plt.fill_between(dates, highs, lows, facecolor = 'blue', alpha = 0.1)
# 设置标题
plt.title("广州 2017 年 7 月最高气温和最低气温")
# 为两条坐标轴设置名称
plt.xlabel("日期")
# 该方法绘制斜着的日期标签
fig.autofmt_xdate()
plt.ylabel("气温(℃)")
# 显示图例
(                )
(                )
# 设置右边坐标轴线的颜色(设置为 none 表示不显示)
ax.spines['right'].set_color('none')
# 设置顶部坐标轴线的颜色(设置为 none 表示不显示)
ax.spines['top'].set_color('none')
(            )
```

上面程序的前半部分代码用于从 CSV 文件中读取 2017 年 7 月广州的气温数据,程序分别使用了 dates、highs 和 lows 三个列表来保存日期、最高气温、最低气温。

程序的后半部分代码绘制了两条折线来显示最高气温和最低气温,其中,plt. plot()用于绘制最高气温和最低气温; plt. fill_between()控制在两条折线之间填充颜色。程序也对坐标轴、图例进行了简单的设置。

运行上面程序,可以看到如图 11-17 所示的折线图。

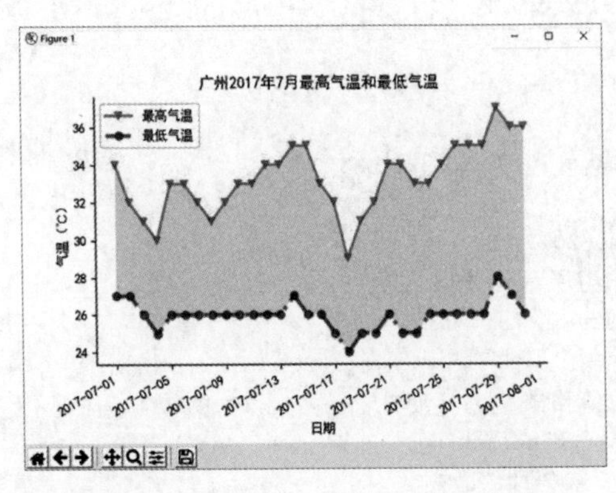

图 11-17　2017 年 7 月广州的气温折线图

第 12 章　Python 图形化界面设计

12.1　学习要求

(1) 掌握 Tkinter 窗口创建、坐标管理器。

(2) 掌握标签、按钮、输入框、列表框、画布等 Tkinter 组件的使用。

12.2　知识要点

12.2.1　图形化界面设计的基本概念

当前流行的计算机桌面应用程序大多数为图形化用户界面(Graphic User Interface, GUI),即通过鼠标对菜单、按钮等图形化元素触发指令,并从标签、对话框等图形化显示容器中获取人机对话信息。

Python 自带了 tkinter 模块,实质上它是一种流行的面向对象的 GUI 工具包 TK 的 Python 编程接口,提供了快速便利地创建 GUI 应用程序的方法。其图像化编程的基本步骤通常包括:

(1) 导入 tkinter 模块。

(2) 创建 GUI 根窗体。

(3) 添加人机交互控件并编写相应的函数。

(4) 在主事件循环中等待用户触发事件响应。

12.2.2　根窗体

根窗体是图像化应用程序的根控制器,是 tkinter 的底层控件的实例。当导入 tkinter 模块后,调用 Tk()方法可初始化一个根窗体实例 root,用 title()方法可设置其标题文字,用 geometry()方法可以设置窗体的大小(以像素为单位)。将其置于主循环中,除非用户关闭,否则程序始终处于运行状态。执行该程序,一个窗体就呈现出来了。在这个主循环的根窗体中,可持续呈现其中的其他可视化控件实例,监测事件的发生并执行相应的处理程序。根窗体呈现如图 12-1 所示。

图 12-1　tkinter 的根窗体

【例 12-1】 简单的窗体示例。

```
from tkinter import *
root = Tk()
root.title('我的第一个 Python 窗体')
root.geometry('240x240')   # 这里的乘号不是 *,而是小写英文字母 x
root.mainloop()
```

12.2.3 常用组件

常用组件有 14 种,如表 12-1 所示。

表 12-1 常用组件

组件名	功能描述
Button	按钮组件;在程序中显示按钮
Canvas	画布组件;显示图形元素,如线条或文本
Checkbutton	多选框组件;用于在程序中提供多项选择框
Entry	输入组件;用于显示简单的文本内容
Frame	框架组件;在屏幕上显示一个矩形区域,多用来作为容器
Label	标签组件;可以显示文本和位图
Listbox	列表框组件;在 Listbox 窗口小部件用来显示一个字符串列表给用户
Menubutton	菜单按钮组件;用于显示菜单项
Menu	菜单组件;显示菜单栏、下拉菜单和弹出菜单
Message	消息组件;用于显示多行文本,与 Label 比较类似
Radiobutton	单选按钮组件;显示一个单选按钮的状态
Scale	范围组件;显示一个数值刻度,为输出限定范围的数字区间
Text	文本组件;用于显示多行文本
Spinbox	输入组件;与 Entry 类似,但是可以指定输入范围值

组件的共同属性:在窗体上呈现的可视化组件,通常包括尺寸、颜色、字体、相对位置、浮雕样式、图标样式和悬停光标形状等共同属性。不同的组件由于形状和功能不同,又有其特征属性。在初始化根窗体和根窗体主循环之间,可实例化窗体控件,并设置其属性。父容器可为根窗体或其他容器控件实例。常见的组件共同属性如表 12-2 所示。

表 12-2 常见的组件共同属性

属性名	属性描述	属性名	属性描述
dimension	组件的大小	anchor	组件包含的锚点
color	组件的颜色	relief	组件的样式
font	组件的字体	bitmap	组件中的位图

标签及常见属性示例:

```
from tkinter import *
root = Tk()
lb = Label(root,text = '我的第一个标签',bg = '#d3fbfb',fg = 'red',font = ('华文新魏',32),width
 = 20,height = 2,relief = SUNKEN)
```

```
lb.pack()
root.mainloop()
```

其中,标签实例 lb 在父容器 root 中实例化,具有代码中所示的 text(文本)、bg(背景色)、fg(前景色)、font(字体)、width(宽,默认以字符为单位)、height(高,默认以字符为单位)和 relief(浮雕样式)等一系列属性。代码运行结果如图 12-2 所示。

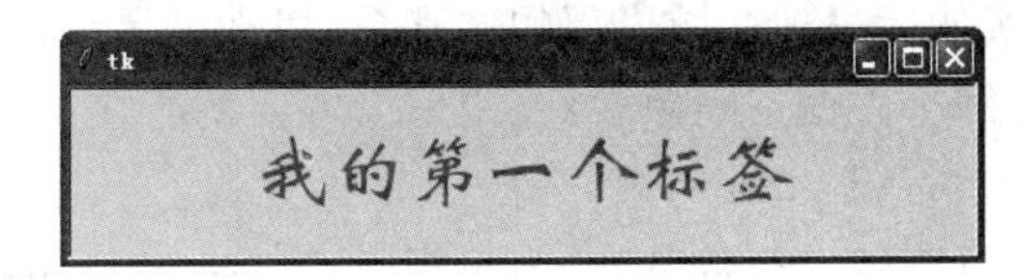

图 12-2 标签组件

在实例化组件时,实例的属性可以"属性=属性值"的形式枚举列出,不区分先后次序。例如,text='我的第一个标签'显示标签的文本内容。属性值通常用文本形式表示。

如果这个控件实例只需要一次性呈现,就可以不必命名,直接实例化并布局呈现出来,例如:

```
Label(root,text = '我是第一个标签',font = '华文新魏').pack()
```

属性 relief 为组件呈现出来的 3D 浮雕样式,有 FLAT(平的)、RAISED(凸起的)、SUNKEN(凹陷的)、GROOVE(沟槽状边缘)和 RIDGE(脊状边缘)5 种。

12.2.4 组件布局

组件的布局通常有 pack()、grid()和 place() 3 种方法。

1. pack ()方法

pack()方法是一种简单的布局方法,如果不加参数的默认方式,就按布局语句的先后,以最小占用空间的方式自上而下地排列控件实例,并且保持组件本身的最小尺寸。

用 pack()方法不加参数排列标签。为看清楚各组件所占用的空间大小,文本用了不同长度的中英文,并设置 relief=GROOVE 的凹陷边缘属性。代码运行结果如图 12-3 所示。

图 12-3 pack()方法

【例 12-2】 pack()方法示例。

```
from tkinter import *
root = Tk()
lbpp = Label(root,text = "紫色",fg = "purple",relief = GROOVE)
lbpp.pack()
lbgreen = Label(root,text = "绿色",fg = "green",relief = GROOVE)
lbgreen.pack()
lbblue = Label(root,text = "蓝",fg = "blue",relief = GROOVE)
lbblue.pack()
root.mainloop()
```

2. grid ()方法

grid()方法是基于网格的布局。先虚拟一个二维表格,再在该表格中布局控件实例。

由于在虚拟表格的单元中所布局的控件实例大小不一,单元格也没有固定或均一的大小,因此其仅用于布局的定位。pack()方法与 grid()方法不能混合使用。

grid()方法常用布局参数如下。

column：组件实例的起始列,最左边为第 0 列。

columnspan：组件实例所跨越的列数,默认为 1 列。

ipadx,ipady：组件实例所呈现区域内部的像素数,用来设置组件实例的大小。

padx,pady：组件实例所占据空间像素数,用来设置实例所在单元格的大小。

row：组件实例的起始行,最上面为第 0 行。

rowspan：组件实例所跨越的行数,默认为 1 行。

如图 12-4 所示,用 grid()方法排列标签,设想有一个 3×4 的表格,起始行、列序号均为 0,将标签 lbpp 置于第 2 列第 0 行；将标签 lbgreen 置于第 0 列第 1 行；将标签 lbblue 置于第 1 列起跨 2 列第 2 行,占 20 像素宽。

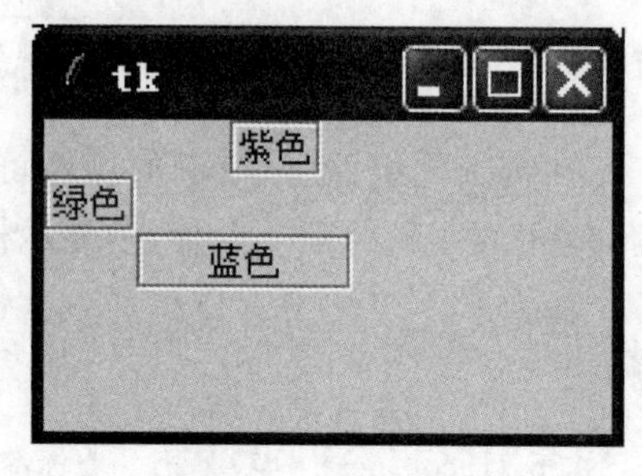

图 12-4　grid()方法

【例 12-3】　grid()方法示例。

```
from tkinter import *
root = Tk()
lbpp = Label(root, text = "紫色", fg = "purple", relief = GROOVE)
lbpp.grid(column = 2, row = 0)
lbgreen = Label(root, text = "绿色", fg = "green", relief = GROOVE)
lbgreen.grid(column = 0, row = 1)
lbblue = Label(root, text = "蓝色", fg = "blue", relief = GROOVE)
lbblue.grid(column = 1, columnspan = 2, ipadx = 20, row = 2)
root.mainloop()
```

3. place ()方法

place()方法是根据组件实例在父容器中的绝对或相对位置参数进行布局的。其常用布局参数如下。

x,y：组件实例在根窗体中水平和垂直方向上的位置(单位为像素)。注意,根窗体左上角为 0,0,水平向右、垂直向下为正方向。

relx,rely：组件实例在根窗体中水平和垂直方向上起始布局的相对位置。即相对于根窗体宽和高的比例位置,取值在 0.0 和 1.0 之间。

height,width：组件实例本身的高度和宽度(单位为像素)。

relheight,relwidth：组件实例相对于根窗体的高度和宽度比例,取值在 0.0 和 1.0 之间。

利用 place()方法配合 relx、rely 和 relheight、relwidth 参数所得的界面可自适应根窗体尺寸的大小。place()方法与 grid()方法可以混合使用。如图 12-5 所示,利用 place()方法排列消息(多行标签)。

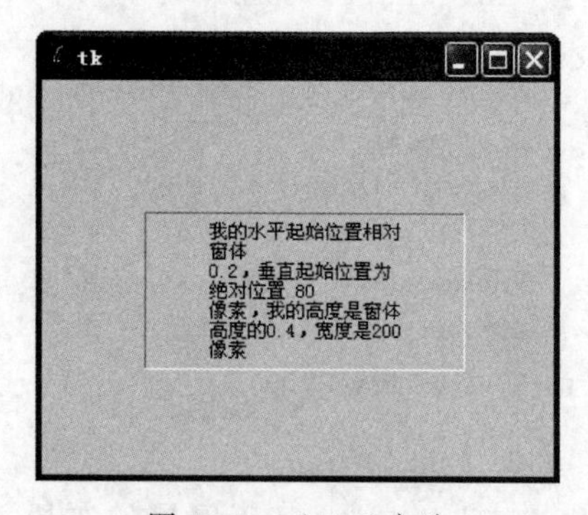

图 12-5　place()方法

【例 12-4】　place()方法示例。

```
from tkinter import *
root = Tk()
root.geometry('320x240')
msg1 = Message(root,text = '''我的水平起始位置相对窗体 0.2,垂直起始位置为绝对位置 80 像素,
我的高度是窗体高度的 0.4,宽度是 200 像素''',relief = GROOVE)
msg1.place(relx = 0.2,y = 80,relheight = 0.4,width = 200)
root.mainloop()
```

12.2.5 tkinter 常见组件的特征属性

1. 文本输入和输出相关组件

文本的输入与输出组件通常包括标签(Label)、消息(Message)、输入框(Entry)、文本框(Text)。它们除了前述共同属性外,都具有一些特征属性和功能。

标签(Label)和消息(Message):除了单行与多行的不同外,属性和用法基本一致,用于呈现文本信息。值得注意的是,属性 text 通常用于实例在第一次呈现时的固定文本,而如果需要在程序执行后发生变化,则可以使用下列方法之一实现:①用组件实例的 configure()方法来改变属性 text 的值,可使显示的文本发生变化;②先定义一个 tkinter 的内部类型变量 var=StringVar() 的值也可以使显示文本发生变化。

【例 12-5】 制作一个电子时钟,用 root 的 after()方法每隔 1s 获取系统当前时间,并在标签中显示出来,如图 12-6 所示。

方法一:利用 configure()方法或 config()方法来实现文本变化。

时钟

15:25:42

图 12-6 电子时钟

```
import tkinter
import time
def gettime():
    timestr = time.strftime(" %H: %M: %S")      # 获取当前的时间并转换为字符串
    lb.configure(text = timestr)                # 重新设置标签文本
    root.after(1000,gettime)                    # 每隔 1s 调用函数 gettime()自身获取时间
root = tkinter.Tk()
root.title('时钟')
lb = tkinter.Label(root,text = '',fg = 'blue',font = ("黑体",80))
lb.pack()
gettime()
root.mainloop()
```

方法二:利用 textvariable 变量属性来实现文本变化。

```
import tkinter
import time
def gettime():
    var.set(time.strftime(" %H: %M: %S"))       # 获取当前时间
    root.after(1000,gettime)                    # 每隔 1s 调用 gettime 自身获取时间
root = tkinter.Tk()
root.title('时钟')
var = tkinter.StringVar()
lb = tkinter.Label(root,textvariable = var,fg = 'blue',font = ("黑体",80))
lb.pack()
```

```
gettime()
root.mainloop()
```

2. Label 和 Entry 组件

Label 用于显示文本与位图,在该组件中显示的文字不可编辑;输入组件 Entry 用于输入文本,通常作为功能比较单一的接收单行文本输入的控件,虽然也有许多对其中文本进行操作的方法,但通常用的只有取值方法 get()和用于删除文本的方法 delete(起始位置,终止位置),例如,清空输入框为 delete(0,END)。

【例 12-6】 Label 和 Entry 组件示例。

```
import tkinter as tk
top = tk.Tk()
top.title("Label 和 Entry 组件示例")
label1 = tk.Label(top,text = "请输入姓名: ")
label2 = tk.Label(top,text = "显示姓名: ")
entry1 = tk.Entry(top)
entry2 = tk.Entry(top)
label1.pack()
entry1.pack()
label2.pack()
entry2.pack()
def button_clicked():
    entry2.delete(0,tk.END)
    text = entry1.get()
    entry2.insert(0,text)
btn = tk.Button(top,text = "文本复制",command = button_clicked)
btn.pack()
top.mainloop()
```

代码运行结果如图 12-7 所示。

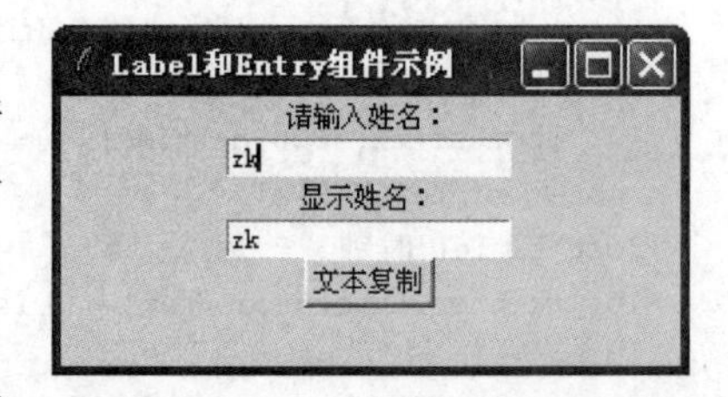

图 12-7 Label 和 Entry 组件

该代码创建了两个 Label 组件和两个 Entry 组件对象、一个 Button 对象,并为 Button 按钮添加了单击事件处理函数。在此函数中,先将 entry2 中的文本内容清空,第一个参数 0 表示被删除的文本的起始位置,第二个表示被删除的文本的结束位置,tk.END 表示最后一个字符的位置,然后通过 get()方法获取 entry1 的文本内容保存在 text 变量中,最后将 text 的内容插入到 entry2 中。

3. Listbox 组件

Listbox(列表框)组件用来显示一个字符串列表。下面的例子从 Entry 组件输入文本,单击按钮后,将文本添加到 Listbox 组件对象中。

【例 12-7】 Listbox 组件示例。

```
import tkinter as tk
top = tk.Tk()
top.title("Listbox 组件示例")
entry1 = tk.Entry(top)
entry1.grid(row = 0,column = 0)
```

```
list = tk.Listbox(top)
def button_clicked():
    text = entry1.get()
    list.insert(0,text)
btn = tk.Button(top,text = "添加到列表",command = button_clicked)
btn.grid(row = 0,column = 1)
list.grid(row = 1,column = 0,columnspan = 2)
top.mainloop()
```

代码运行结果如图 12-8 所示。

4. Menu 组件

Menu(菜单)组件用于可视化地为一系列的命令分组,从而方便用户找到和触发执行这些命令。其通式为:

```
菜单实例名 = Menu(根窗体)
菜单分组 1 = Menu(菜单实例名)
菜单实例名.add_cascade(<label = 菜单分组 1 显示文本>,<menu = 菜单分组 1>)
菜单分组 1.add_command(<label = 命令 1 文本>,<command = 命令 1 函数名>)
```

其中,较为常见的方法有 add_cascade()、add_command()和 add_separator(),分别用于添加一个菜单分组、添加一条菜单命令和添加一条分割线。

利用 Menu 组件也可以创建快捷菜单(又称为上下文菜单)。通常需要右击弹出的组件实例绑定鼠标右击响应事件<Button-3>,并指向一个捕获 event 参数的自定义函数,在该自定义函数中,将鼠标的触发位置 event.x_root 和 event.y_root 以 post()方法传给菜单。

例如,仿照 Windows 自带的“记事本”中的“文件”和“编辑”菜单,实现对主菜单上每个菜单选项触发菜单命令,并相应改变窗体上的标签的文本内容。效果如图 12-9 所示。

图 12-8 列表框

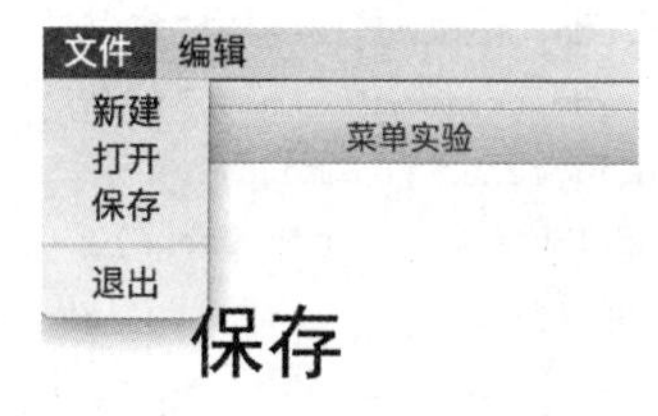

图 12-9 菜单

【例 12-8】 菜单示例。

```
from tkinter import *
def new():
    s = '新建'
    lb1.config(text = s)
def ope():
    s = '打开'
    lb1.config(text = s)
```

```
def sav():
    s = '保存'
    lbl.config(text = s)
def cut():
    s = '剪切'
    lbl.config(text = s)
def cop():
    s = '复制'
    lbl.config(text = s)
def pas():
    s = '粘贴'
    lbl.config(text = s)
def popupmenu(event):
    mainmenu.post(event.x_root,event.y_root)
root = Tk()
root.title('菜单实验')
root.geometry('320x240')
lb1 = Label(root,text = '显示信息',font = ('黑体',32,'bold'))
lb1.place(relx = 0.2,rely = 0.2)
mainmenu = Menu(root)
menuFile = Menu(mainmenu)                    # 菜单分组 menuFile
mainmenu.add_cascade(label = "文件",menu = menuFile)
menuFile.add_command(label = "新建",command = new)
menuFile.add_command(label = "打开",command = ope)
menuFile.add_command(label = "保存",command = sav)
menuFile.add_separator()                     # 分割线
menuFile.add_command(label = "退出",command = root.destroy)
menuEdit = Menu(mainmenu)                    # 菜单分组 menuEdit
mainmenu.add_cascade(label = "编辑",menu = menuEdit)
menuEdit.add_command(label = "剪切",command = cut)
menuEdit.add_command(label = "复制",command = cop)
menuEdit.add_command(label = "粘贴",command = pas)
root.config(menu = mainmenu)
root.bind('Button - 3',popupmenu)            # 根窗体绑定鼠标右击响应事件
root.mainloop()
```

视频讲解

12.3 应用举例

【例 12-9】 利用图形界面实现模拟聊天框。

```
from tkinter import *
import time
def main():
  def sendMsg():                             # 发送消息
    strMsg = '我:' + time.strftime("%Y-%m-%d %H:%M:%S",
                                   time.localtime()) + '\n '
```

```
        txtMsgList.insert(END, strMsg, 'greencolor')
        txtMsgList.insert(END, txtMsg.get('0.0', END))
        txtMsg.delete('0.0', END)
    def cancelMsg():                                # 取消消息
        txtMsg.delete('0.0', END)
    def sendMsgEvent(event):                        # 发送消息事件
        if event.keysym == "Up":
            sendMsg()
    # 创建窗口
    t = Tk()
    t.title('与 Python 聊天中')
    # 创建 frame 容器
    frmLT = Frame(width = 500, height = 320, bg = 'white')
    frmLC = Frame(width = 500, height = 150, bg = 'white')
    frmLB = Frame(width = 500, height = 30)
    frmRT = Frame(width = 200, height = 500)
    # 创建组件
    txtMsgList = Text(frmLT)
    txtMsgList.tag_config('greencolor', foreground = '#008C00') # 创建 tag
    txtMsg = Text(frmLC);
    txtMsg.bind("<KeyPress - Up>", sendMsgEvent)
    btnSend = Button(frmLB, text = '发 送', width = 8, command = sendMsg)
    btnCancel = Button(frmLB, text = '取消', width = 8, command = cancelMsg)
    imgInfo = PhotoImage(file = "python.png")
    lblImage = Label(frmRT, image = imgInfo)
    lblImage.image = imgInfo
    # 窗口布局
    frmLT.grid(row = 0, column = 0, columnspan = 2, padx = 1, pady = 3)
    frmLC.grid(row = 1, column = 0, columnspan = 2, padx = 1, pady = 3)
    frmLB.grid(row = 2, column = 0, columnspan = 2)
    frmRT.grid(row = 0, column = 2, rowspan = 3, padx = 2, pady = 3)
    # 固定大小
    frmLT.grid_propagate(0)
    frmLC.grid_propagate(0)
    frmLB.grid_propagate(0)
    frmRT.grid_propagate(0)
    btnSend.grid(row = 2, column = 0)
    btnCancel.grid(row = 2, column = 1)
    lblImage.grid()
    txtMsgList.grid()
    txtMsg.grid()
    # 主事件循环
    t.mainloop()
if __name__ == '__main__':
    main()
```

在左下角的聊天框中输入消息“Python 你好!”,会在上面的对话框中显示。程序运行结果如图 12-10 所示。

图 12-10　聊天框

习　题

实现一个简单的图形界面的计算器,实现效果如图 12-11 所示。在(　　)中填写语句完成要求的内容。

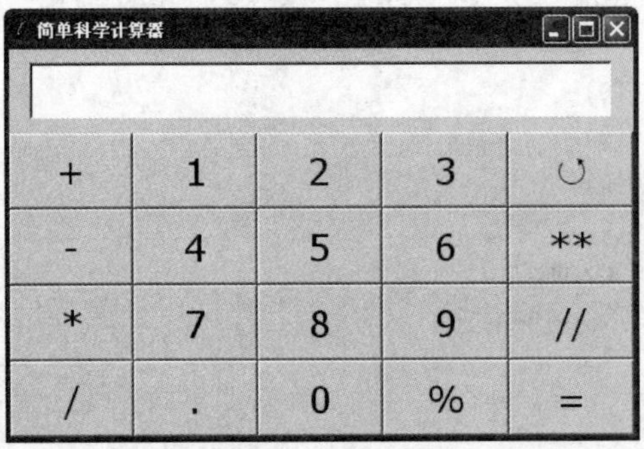

图 12-11　简单计算器

```
from tkinter import *
class App:
    def __init__(self, master):
        self.master = master
        self.initWidgets()
        self.hi = None
```

```
    def initWidgets(self):
        # 创建一个输入组件
        self.show = Label(relief = SUNKEN, font = ('Courier New', 24),
            width = 23, bg = 'white', anchor = W)
        # 对该输入组件使用Pack布局,放在容器顶部
        self.show.pack(side = TOP, pady = 10)
        p = Frame(self.master)
        p.pack(side = TOP)
        # 定义字符串的元组
        names = ("+", "1" , "2" , "3" , "↻"
            ,"-", "4" , "5" , "6" , "**" , "*", "7" , "8"
            , "9", "//", "/" , "." , "0" , "%", "=")
        # 遍历字符串元组
        for i in range(len(names)):
            # 创建Button,将Button放入p组件中
            b = Button(p, text = names[i], font = ('Verdana', 20), width = 5)
            b.grid(row = i // 5, column = i % 5)
            # 为鼠标左键的单击事件绑定事件处理方法
            b.bind('<Button-1>', self.click)
            # 为鼠标左键的双击事件绑定事件处理方法
            if b['text'] == '↻': b.bind('<Button-1>', self.clean)
    def click(self, event):
        # 如果用户单击的是数字键或点号
        if(event.widget['text'] in ('0', '1', '2', '3',
            '4', '5', '6', '7', '8', '9', '.')):
            # 判断首位是否为0,若为0则清空show['text']的值
            if self.show['text'] == ''and event.widget['text'] == '0':
                pass
            else:
                self.show['text'] = self.show['text'] + event.widget['text']
        # 如果用户单击了运算符
        elif(event.widget['text'] in ('+', '-', '*', '/', '%', '**', '//')):
            # 把输入的数字与输入的字符相结合,组成一个数学运算式
            self.show['text'] = self.show['text'] + event.widget['text']
        elif(event.widget['text'] == '=' and self.show['text'] is not None):
            # 赋值给self.hi
            self.hi = self.show['text']
            # 其实这一步可以不要,主要作用是在调试时可以在后台看输入的数据
            print(self.hi)
            # 使用eval()函数计算表达式的值
            self.show['text'] = str(eval(self.hi))
            self.hi = None
            self.i = 0
    # 单击↻(恢复)按钮时,程序清空计算结果,将表达式设为None
    def clean(self, event):
        (              )
        (              )
root = Tk()
root.title("简单科学计算器")
App(root)
root.mainloop()
```

第13章 Python网络编程

13.1 学习要求

(1) 理解 TCP/IP 体系结构。

(2) 掌握基于 TCP 和 UDP 的 Socket 编程。

13.2 知识要点

13.2.1 TCP/IP 体系结构

1. OSI 参考模型的通信过程

在网络通信中,发送端自上而下地使用 OSI 参考模型,对应用程序要发送的信息进行逐层打包,直至在物理层将其发送到网络中;而接收端则自下而上地使用 OSI 参考模型,将收到的物理数据逐层解析,最后将得到的数据传送给应用程序。具体过程如图 13-1 所示。

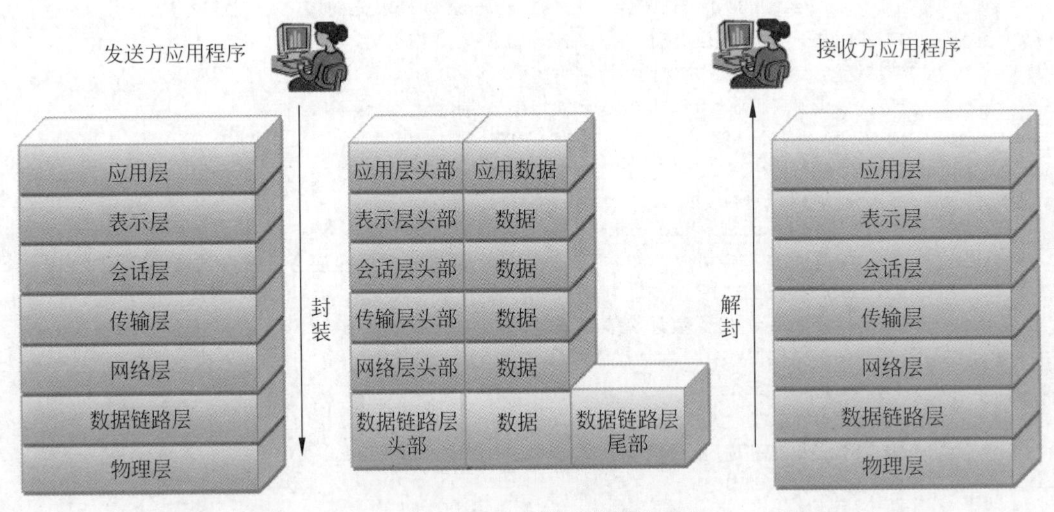

图 13-1 OSI 参考模型的通信过程

当然,并不是所有的网络通信都需要经过 OSI 模型的全部 7 层。例如,同一网段的 2 层交换机之间通信只需要经过数据链路层和物理层,而路由器之间的连接则只需要网络层、数据链路层和物理层即可。

2. TCP/IP 体系结构概述

TCP/IP 是 Internet 的基础网络通信协议，它规范了网络上所有网络设备之间数据往来的格式和传送方式。TCP 和 IP 是两个独立的协议，它们负责网络中数据的传输。TCP 位于 OSI 参考模型的传输层，而 IP 则位于网络层。TCP/IP 和 OSI 参考模型之间的对应关系如图 13-2 所示。

OSI参考模型	TCP/IP	
应用层	应用层	FTP、Telnet、SMTP、SNMP、NFS
表示层		
会话层		
传输层	传输层	TCP、UDP
网络层	网络层	IP、ICMP、ARP、RARP
数据链路层	网络接口层	Ethernet 802.3、令牌环、802.5、X.25、帧中继、HDLC、PPP
物理层	未定义	

图 13-2　TCP/IP 和 OSI 参考模型之间的对应关系

13.2.2　基于 TCP 的 Socket 编程

Socket 的中文翻译是套接字，它是 TCP/IP 网络环境下应用程序与底层通信驱动程序之间运行的开发接口，可以将应用程序与具体的 TCP/IP 隔离开，使得应用程序不需要了解 TCP/IP 的具体细节，就能够实现数据传输。

Socket 开发接口位于应用层和传输层之间，可以选择 TCP 和 UDP 两种协议实现网络通信。Python 的 Socket 编程通常可分为 TCP 和 UDP 编程两种，前者是带连接的可靠传输服务，每次通信都要握手，结束传输也要握手，数据会被检验，是使用最广的通用模式；后者是不带连接的传输服务，简单粗暴，不加控制和检查地直接将数据发送出去的方式，但是传输速度快，通常用于安全和可靠等级不高的业务场景，如文件下载。

面向连接的 Socket 通信是基于 TCP 的，网络中的两个进程以客户机/服务器模式进行通信，具体步骤如图 13-3 所示。

服务器程序要先于客户机程序启动，每个步骤中调用的 socket()函数如下：

(1) 调用 socket()函数创建一个流式套接字，返回套接字号 s。

(2) 调用 bind()函数将套接字 s 绑定到一个已知的地址，通常为本地 IP 地址。

(3) 调用 listen()函数将套接字 s 设置为监听模式，准备好接收来自各个客户机的连接请求。

(4) 调用 accept()函数等待接收客户端的连接请求。

(5) 如果接收到客户端的请求，则 accept()函数返回，得到新的套接字 ns。

(6) 调用 recv()函数接收来自客户端的数据，调用 send()函数向客户端发送数据。

(7) 与客户端的通信结束后，服务器程序可以调用 shutdown()函数通知对方不再发送或接收数据，也可以由客户端程序断开连接。断开连接后，服务器进程调用 closesocket()函数关闭套接字 ns。此后服务器程序返回第(4)步，继续等待客户端进程的连接。

(8) 如果要退出服务器程序，则调用 close()函数关闭最初的套接字 s。

客户端程序在每一步骤中使用的函数如下：

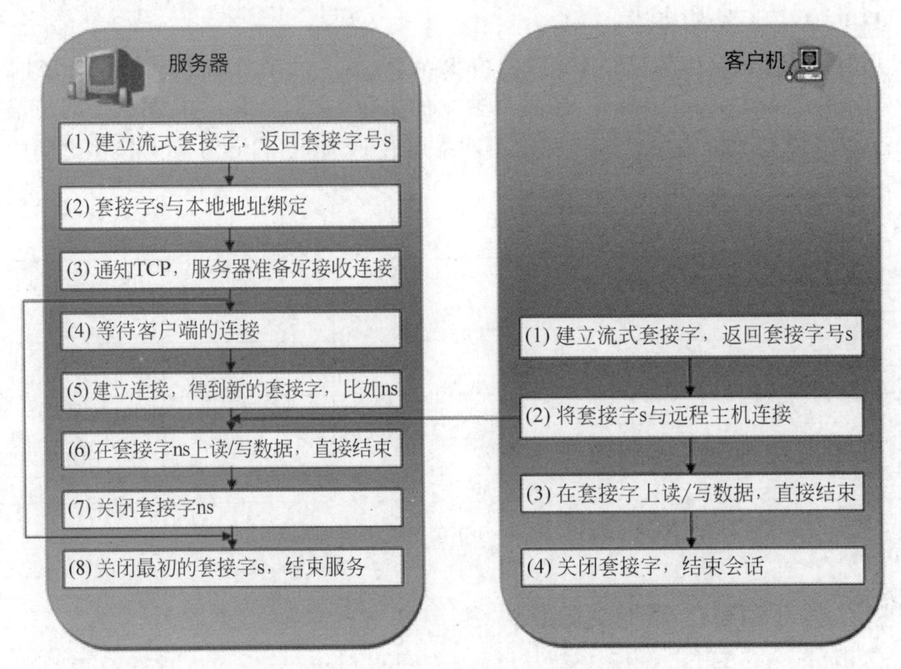

图 13-3 基于 TCP 的 Socket 通信过程

(1) 调用 socket()函数创建一个流式套接字,返回套接字号 s。

(2) 调用 connect()函数将套接字 s 连接到服务器。

(3) 调用 send()函数向服务器发送数据,调用 recv()函数接收来自服务器的数据。

(4) 与服务器的通信结束后,客户端程序可以调用 close()函数关闭套接字。

1. socket ()函数

socket()函数用于创建与指定的服务提供者绑定的套接字。函数原型如下:

```
socket = socket.socket(familly,type[,protocal])
```

socket()函数的参数说明如下:

familly,指定协议的地址家族,可为 AF_INET 或 AF_UNIX。AF_INET 家族包括 Internet 地址,AF_UNIX 家族用于同一台机器上的进程间通信。

type,指定套接字的类型,具体取值如表 13-1 所示。

表 13-1 套接字类型说明

套接字类型	说　明
SOCK_STREAM	提供顺序、可靠、双向和面向连接的字节流数据传输机制,使用 TCP
SOCK_DGRAM	支持无连接的数据包,使用 UDP
SOCK_RAW	原始套接字,可以用于接收本机网卡上的数据帧或者数据包

protocal,可选参数,编号默认为 0。

2. bind ()函数

bind()函数可以将本地地址与一个 Socket 绑定在一起,函数原型如下:

```
socket.bind(address)
```

参数 address 是一个双元素元组，格式是(host，port)。host 代表主机，port 代表端口号。

3. listen ()函数

listen()函数可以将套接字设置为监听接入连接的状态。函数原型如下：

```
listen(backlog)
```

参数 backlog 指定等待连接队列的最大长度。

4. accept ()函数

在服务器端调用 listen()函数监听接入连接后，可以调用 accept()函数来等待接收连接请求。函数原型如下：

```
connection, address = socket.accept()
```

调用 accept()方法后，Socket 会进入 waiting 状态。客户请求连接时，accept()方法会建立连接并返回服务器。accept()方法返回一个含有两个元素的元组(connection，address)。第一个元素 connection 是新的 Socket 对象，服务器必须通过它与客户通信；第二个元素 address 是客户的 Internet 地址。

5. recv ()函数

调用 recv()函数可以从已连接的 Socket 中接收数据。函数原型如下：

```
buf = sock.recv(size)
```

参数 sock 是接收数据的 Socket 对象，参数 size 指定接收数据的缓冲区的大小。recv()函数返回接收的数据。

6. send ()函数

调用 send()函数可以在已连接的 Socket 上发送数据。函数原型如下：

```
sock.send(buf)
```

或

```
sock.sendall(buf)
```

参数 buf 是要发送的数据缓冲区。

7. close ()函数

close()函数用于关闭一个 Socket，释放其所占用的所有资源。函数原型如下：

```
s.close()
```

参数 s 表示要关闭的 Socket。

【例 13-1】 基于 TCP 的 Socket 的一个简单例子。

服务器端程序：

```
import socket
ip_port = ('127.0.0.1', 9999)
sk = socket.socket()                                # 创建套接字
```

```
sk.bind(ip_port)                                              # 绑定服务地址
sk.listen(5)                                                  # 监听连接请求
print('启动 Socket 服务,等待客户端连接...')
conn, address = sk.accept()                                   # 等待连接,此处自动阻塞
while True:                        # 一个死循环,直到客户端发送'exit'的信号,才关闭连接
    client_data = conn.recv(1024).decode()                    # 接收信息
    if client_data == "exit":                                 # 判断是否退出连接
        exit("通信结束")
    print("来自 %s 的客户端向你发来信息: %s" % (address, client_data))
    conn.sendall('服务器已经收到你的信息'.encode())  # 回馈信息给客户端
conn.close()                                                  # 关闭连接
```

客户端程序:

```
import socket
ip_port = ('127.0.0.1', 9999)
s = socket.socket()                                           # 创建套接字
s.connect(ip_port)                                            # 连接服务器
while True:                           # 通过一个死循环不断接收用户输入,并发送给服务器
    inp = input("请输入要发送的信息: ").strip()
    if not inp:                                               # 防止输入空信息,导致异常退出
        continue
    s.sendall(inp.encode())
    if inp == "exit":                                         # 如果输入的是'exit',表示断开连接
        print("结束通信!")
        break
    server_reply = s.recv(1024).decode()
    print(server_reply)
s.close()                                                     # 关闭连接
```

注意,服务端要先启动,然后再启动客户端。不要在 IDLE 里同时执行服务器端和客户端程序,如果你在同一个 IDLE 里打开服务器端和客户端就会出问题,因为打开一个就要把另一个停了。最好打开两个 cmd 窗口,以便执行服务器端和客户端程序。

通过测试上面的例子发现,虽然服务器端和客户端在一对一的情况下工作良好,但是,如果有多个客户端同时连接同一个服务器端呢?结果可能不太令人满意,因为服务器端无法同时对多个客户端提供服务。为什么会这样呢?因为 Python 的 socket 模块,默认情况下创建的是单进程单线程,同时只能处理一个连接请求,如果要实现多用户服务,那么需要使用多线程机制。

【例 13-2】 使用 Python 内置的 threading 模块,配合 socket 模块创建多线程服务器。客户端的代码不需要修改,可以继续使用。

```
import socket
import threading                                  # 导入线程模块
def link_handler(link, client):
    """
    该函数为线程需要执行的函数,负责具体的服务器端和客户端之间的通信工作
    :param link: 当前线程处理的连接
    :param client: 客户端 IP 和端口信息,一个二元元组
    :return: None
    """
    print("服务器开始接收来自[%s:%s]的请求..." % (client[0], client[1]))
    while True:        # 利用一个死循环,保持和客户端的通信状态
```

```
        client_data = link.recv(1024).decode()
        if client_data == "exit":
            print("结束与[%s:%s]的通信..." % (client[0], client[1]))
            break
        print("来自[%s:%s]的客户端向你发来信息: %s" % (client[0], client[1], client_
data))
        link.sendall('服务器已经收到你的信息'.encode())
    link.close()
ip_port = ('127.0.0.1', 9999)
sk = socket.socket()                          # 创建套接字
sk.bind(ip_port)                              # 绑定服务地址
sk.listen(5)                                  # 监听连接请求
print('启动 Socket 服务,等待客户端连接...')
while True:                                   # 一个死循环,不断的接受客户端发来的连接请求
    conn, address = sk.accept()               # 等待连接,此处自动阻塞
    # 每当有新的连接过来,自动创建一个新的线程,
    # 并将连接对象和访问者的 IP 信息作为参数传递给线程的执行函数
    t = threading.Thread(target = link_handler, args = (conn, address))
    t.start()
```

启动这个多线程服务器,然后多运行几个客户端,可以很明显地看到,服务器能够同时与多个客户端通信,如图 13-4 所示,基本达到目的。

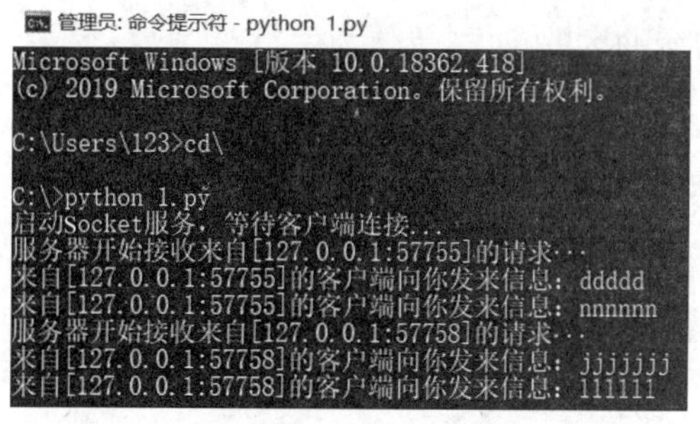

图 13-4　多线程服务器

13.2.3　基于 UDP 的 Socket 编程

基于 UDP 的 Socket 通信的具体步骤如图 13-5 所示。

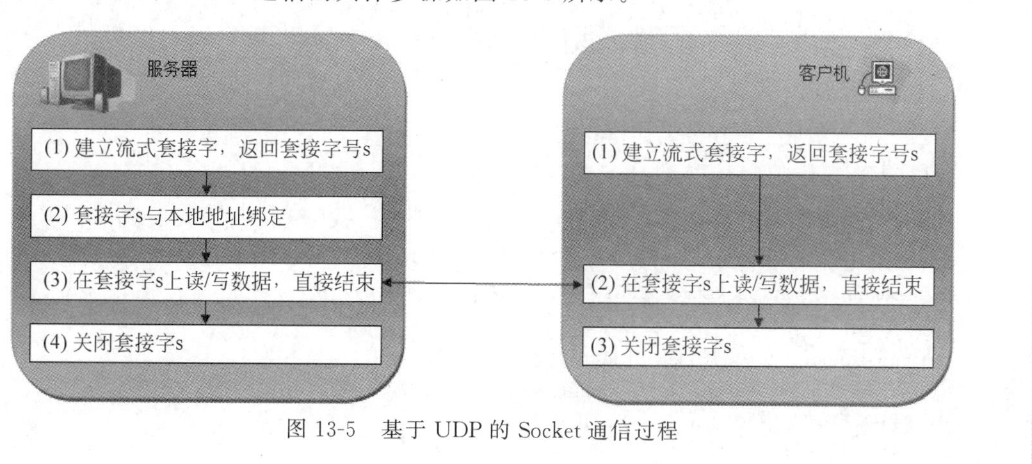

图 13-5　基于 UDP 的 Socket 通信过程

可以看出,面向非连接的Socket通信过程比较简单,在服务器端程序不需要调用listen()和accept()函数来等待客户端的连接;在客户端也不需要与服务器端建立连接,而是直接向服务器发送数据。

1. sendto()函数

使用sendto()函数可以实现发送数据的功能。函数原型如下:

```
s.sendto(data,(addr,port))
```

参数说明如下。

s:指定一个Socket句柄。

data:要传输的数据。

addr:接收数据的计算机的IP地址。

port:接收数据的计算机的端口。

2. recvfrom()函数

使用recvfrom()函数可以实现接收数据的功能。函数原型如下:

```
data,addr = s.recvfrom(bufsize)
```

参数说明如下。

s:指定一个Socket句柄。

bufsize:接收数据的缓冲区的长度,单位为字节。

data:接收数据的缓冲区。

addr:发送数据的客户端的地址。

【例13-3】 基于UDP的Socket的一个简单例子。

服务器端程序:

```
import socket
ip_port = ('127.0.0.1', 9999)
sk = socket.socket(socket.AF_INET, socket.SOCK_DGRAM, 0)
sk.bind(ip_port)
while True:
    data = sk.recv(1024).strip().decode()
    print(data)
    if data == "exit":
        print("客户端主动断开连接!")
        break
sk.close()
```

客户端程序:

```
import socket
ip_port = ('127.0.0.1', 9999)
sk = socket.socket(socket.AF_INET, socket.SOCK_DGRAM, 0)
while True:
    inp = input('发送的消息: ').strip()
    sk.sendto(inp.encode(), ip_port)
    if inp == 'exit':
```

```
        break
sk.close()
```

13.3 应用举例

【例 13-4】 编写一个 Socket+ tkinter 的聊天室。

服务器端程序：

```
import socket
from threading import Thread
client_dict = {}
def brodcast(msg,nikename = ''):
    for khd_socket in client_dict.values():
        khd_socket.send(bytes(nikename.encode('gbk') + msg + b'\n'))
def chat(khd_socket:socket.socket):
    try:
        nikename = khd_socket.recv(1024).decode('gbk')
        # 以 f 开头,包含的{}表达式在程序运行时会被表达式的值代替
        welcome = f'欢迎{nikename}加入聊天室\n'
        client_dict[nikename] = khd_socket
        brodcast(welcome.encode('gbk'))
        while True:
            try:
                msg = khd_socket.recv(1024)
                brodcast(msg,nikename + ':')
            except:
                khd_socket.close()
                del client_dict[nikename]
                brodcast(bytes(f'{nikename}离开聊天室\n','gbk'))
    except:
        print('客户端断开连接')
if __name__ == '__main__':
    tcp = socket.socket(socket.AF_INET,socket.SOCK_STREAM)
    tcp.setsockopt(socket.SOL_SOCKET,socket.SO_REUSEADDR,True)
    tcp.bind(("",9090))
    print(f'服务器已开启,正在等待用户进入...')
    tcp.listen(127)
    while True:
        try:
            khd_socket, ip = tcp.accept()
            print(f'{ip}建立连接')
            khd_socket.send('欢迎加入聊天室,输入昵称开始聊天\n'.encode('gbk'))
            khd_thread = Thread(target = chat,args = (khd_socket,))
            khd_thread.daemon = True
            khd_thread.start()
        except:
            print('客户端断开连接')
    tcp.close()
```

客户端程序:

```
import socket
from tkinter import Tk, Frame, Text, Button, END
from threading import Thread
chatroom = Tk()
chatroom.title('聊天室')
message_frame = Frame(width = 480, height = 300, bg = 'white')
text_frame = Frame(width = 480, height = 100)
send_frame = Frame(width = 480, height = 30)
cancel_frame = send_frame
tcp = socket.socket(socket.AF_INET, socket.SOCK_STREAM)
tcp.connect(('127.0.0.1',9090))
def get_msg():
    while True:
        try:
            msg = tcp.recv(1024)
            text_message.insert(END,msg.decode('gbk'))
        except:
            break
def send():
    send_msg = text_text.get('0.0',END)
    if send_msg.endswith('\n'):
        send_msg = send_msg[:-1]
    tcp.send(send_msg.encode('gbk'))
    text_text.delete('0.0',END)
def cancel():
    text_text.delete('0.0',END)
text_message = Text(message_frame)
text_text = Text(text_frame)
button_send = Button(send_frame, text = '发送', command = send)
button_cancel = Button(cancel_frame, text = '取消', command = cancel)
message_frame.grid(row = 0, column = 0, padx = 3, pady = 6)
text_frame.grid(row = 1, column = 0, padx = 3, pady = 6)
send_frame.grid(row = 2, column = 0)
message_frame.grid_propagate(0)
text_frame.grid_propagate(0)
send_frame.grid_propagate(0)
cancel_frame.grid_propagate(0)
text_message.grid()
text_text.grid()
button_send.grid(row = 2, column = 0)
button_cancel.grid(row = 2, column = 1)
msg_thread = Thread(target = get_msg)
msg_thread.start()
chatroom.mainloop()
```

运行结果如图 13-6 所示。

注意,运行时同时打开多个 cmd 窗口,分别运行服务器端程序和客户端程序。本例中运行了两个客户端程序。

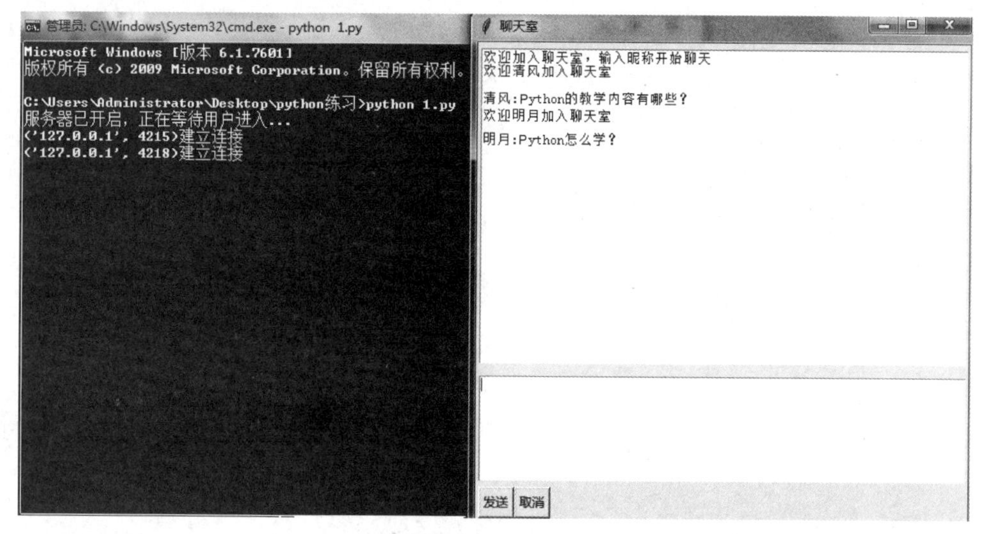

图 13-6　聊天室

习　　题

在(　　)中填写语句完成要求的内容。

1. 一个使用 Socket 进行通信的简易服务器。

```
if __name__ == '__main__':
    import socket
    # 创建 Socket 对象
    sock = socket.socket(socket.AF_INET, socket.SOCK_STREAM)
    # 绑定到本地的 8001 端口
    (                    )
    # 在本地的 8001 端口上监听,等待连接队列的最大长度为 5
    (                    )
    while True:
        # 接收来自客户端的连接
        connection,address = sock.accept()
        try:
            connection.settimeout(5)
            buf = connection.recv(1024).decode('utf - 8')   # 接收客户端的数据
            if buf == '1':                                   # 如果接收到'1'
                connection.send(b'welcome to server!')
            else:
                connection.send(b'please go out!')
        except socket.timeout:
            print('time out')
        connection.close()
```

2. 一个使用 Socket 进行通信的简易客户端。

```
if __name__ == '__main__':
```

```
import socket
# 创建 Socket 对象
sock = socket.socket(socket.AF_INET, socket.SOCK_STREAM)
# 连接到本地的 8001 端口
(                    )
import time
time.sleep(2)
# 向服务器发送字符'1'
(                    )
# 打印从服务器接收的数据
print(sock.recv(1024).decode('utf - 8'))
sock.close()
```

第14章 Python实践综合案例

14.1 学习要求

(1) 学会使用Python设计并开发一个完整案例。

(2) 能够根据问题的求解需要定义合理的数据结构,设计相应算法。

(3) 掌握包、模块、函数在系统中的实现方法,会合理划分程序。

14.2 知识要点

14.2.1 案例概述

开发一个综合的学生成绩管理系统,要求能够管理若干个学生几门课程的成绩,需要实现以下功能:读取以数据文件形式存储的学生信息;按学号增加、修改、删除学生的信息;按照学号、姓名、名次等方式查询学生信息;按照学号顺序浏览学生信息;统计每门课的最高分、最低分和平均分;计算每个学生的总分并进行排名。

14.2.2 案例功能模块划分

系统功能模块划分如图14-1所示。

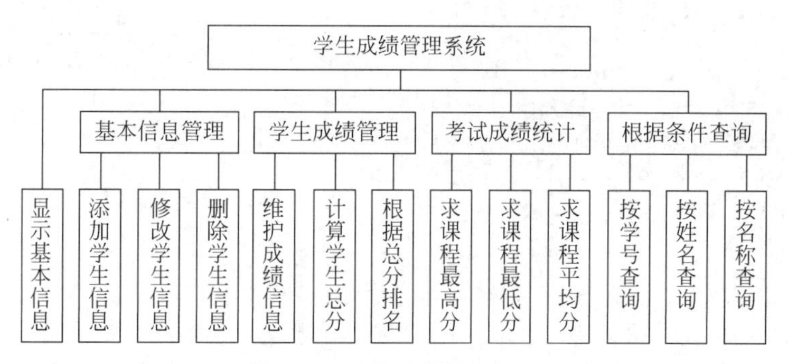

图14-1 系统功能模块划分

为实现该系统,需要解决以下问题。

(1) 数据的表示。用什么样的数据类型能够正确、合理、全面地表示学生的信息,每个学生必须要有哪些信息。

(2) 数据的存储。用什么样的结构存储学生的信息,有利于可扩充性并方便操作。

(3) 数据的永久存储。数据以怎样的形式保存在磁盘上,避免数据的重复录入。

(4) 如何能做到便于操作。即人机接口的界面友好,方便使用者操作。

(5) 如何抽象各个功能,做到代码复用程度高,函数的接口尽可能简单明了。

14.2.3 Student 类的定义

根据上述问题进行分析,学生类 Student 应该包括学号、姓名、各门课的成绩、总分、名次等信息,其中总分是根据各门课的成绩总和计算获得,而名次根据总分获得。因此定义 Student 类如表 14-1 所示。

表 14-1 Student 类

需要表示的信息	成员名	类型	成员值的获得方式
学号	num	整数	用户输入
姓名	name	字符串	用户输入
性别	gender	字符串	用户输入
3 门课程的成绩	score	整数	用户输入
总分	total	整数	根据 3 门课成绩计算
名次	rank	整数	根据总分计算

```
class Student(object):                              # 学生记录数据域
def   __init__ (self,num = 0,name = '', gender  = '',score1 = 0,
score2 = 0, score3 = 0,total = 0,rank = 0):
            self.num = num                          # 学号
            self.name = name                        # 姓名
            self.gender = gender                    # 性别
            self.score1 =  score1                   # 3 门课成绩
            …
            self.total = total                      # 总分
            self.rank = rank                        # 名次
```

14.2.4 Student 类的基本操作

```
1. def readStu(stu,n = 100):
2. def printStu(stu,n = 100):
3. def equal(s1,s2,condition):
4. def larger(s1,s2,condition):
5. def reverse(stu):
6. def calcuTotal(stu):
7. def calcuRank(stu):
8. def calcuMark(m,stu,n):
9. def sortStu(stu,condition):
10. def searchStu(stu,s,condition,f):
11. def deleteStu(stu,s):
```

14.2.5 函数说明

(1) readStu()和 printStu()函数都是实现读入或输出 n 个元素的,当实参 n 为 1 时,这两个函数的功能就是读入或输出一个记录,依然是可以正确执行的。在后续的程序中有时需要对单个记录进行输入输出处理,有时是批量的输入输出,这两个函数适用于这两种需求。

(2) equal()函数中的形式参数 condition,是为了使函数更通用。因为程序中需要用到多种判断相等的方式:按学号、按分数、按名次、按姓名,没有必要分别写出 4 个判相等的函数。所以,用同一个函数实现,通过 condition 参数来区别到底需要按什么条件进行判断,简化了程序的接口。

(3) larger()函数中形式参数 condition 的用法和意义与 equal()函数中相同,在程序中进行排序时主要是根据学号或分数进行。因此,本函数中 condition 的取值只定义了两种,读者在实现程序时,如果还有其他需要判断大小的情况,则增加 condition 变量的选择值即可。

(4) calcuRank()函数用来计算所有同学的名次。本函数中,要充分考虑相同总分的同学名次相同,并且在有并列名次的情况下,后面同学的名次应该跳过空的名次号。例如,有两个同学并列第 5,则下一个分数的同学应该是第 7 名而不应该是第 6 名,这在赋值时用双分支 if 来控制。

(5) calcuMark()函数用来求三门课程的最高分、最低分、平均分,共有 9 个信息,因此形式参数表中用一个二维数组来返回这 9 个求解的结果,第一下标代表哪门课,第二下标的 0、1、2 分别对应于最高分、最低分、平均分。

(6) searchStu()函数用来实现按一定条件的查询。该函数将被查询模块调用,查询的依据有学号、姓名、名次。本系统中,只有按学号查询得到的结果是唯一的,因为在进行插入、删除等基本信息的管理时已经保证了学号的唯一性。按姓名及名次查询都有可能得到多条记录结果,因此,该函数中用 f 数组来存储符合条件的记录的下标,通过此参数将所有查询下标返回给主调用函数,从而才得出查询后所有符合条件的结果。函数的返回值是符合查询条件的元素个数,这样便于主调用函数控制数组输出时的循环次数。

14.2.6 补充说明

(1) def createFile(stu):建立初始的数据文件。

(2) def readFile(stu):将文件的内容读出到对象列表 stu 中。

(3) def saveFile(stu):将对象列表的内容写入文件。

14.2.7 用两级菜单四层函数实现

菜单函数实现如表 14-2 所示。

表 14-2 菜单函数实现

菜　单	主 菜 单	基本信息	成绩管理	成绩统计	条件查询
函数名	menu()	menuBase()	menuScore()	menuCount()	menuSearch()
对应功能模块	学生成绩管理系统	基本信息管理	学生成绩管理	学生成绩统计	根据条件查询
被哪个函数调用	main()	baseManage()	scoreManage()	countManage()	searchManage()

14.3 注意事项及参考程序

编写程序实现一个学生成绩管理系统,源代码要加上适当的注释。注意以下几点。

(1) 如果第一次运行程序,数据文件是空的,则会自动调用建立文件这个函数,用户需要从键盘上先输入一系列元素,程序运行保存操作。

(2) 在运行插入、删除、修改操作之后,一定要注意,必须选择第三个一级菜单功能,即"3.学生成绩管理"功能,并且重新选择其下的两个子菜单分别计算总分和排名,才是目前对基本信息进行修改之后最新的成绩与排名情况。在查询时,根据姓名和名次查询都有可能显示多条记录,上述演示中就有查名次显示出来并列名次的两条记录信息。

(3) 每一级菜单函数都放在循环体中调用,目的是使得每一次操作结束后,重新显示菜单。该系统的功能划分还可以有其他的方法,读者可自行设计其他的方案,并仿照此程序的实现方法,自己设计一个类似的信息管理系统。

(4) 在开发一个系统时,一定要考虑数据的存储问题,因为每次运行原始数据都从键盘读入是不科学的也是不可行的,因此文件的操作非常重要,对应于对象列表或字典类型的数据用文本文件更为直观,用户也可根据需要选择使用二进制形式进行文件的保存。

(5) 对系统要实现的功能按自顶向下、逐步细化、模块化的思想进行结构化设计是非常重要的。每一个功能用一个或多个函数对应实现,在设计时充分考虑对功能的抽象,如何定义函数,使函数的功能更加通用,能为多个功能提供服务。函数与函数之间怎样传递数据,即参数和返回值类型如何正确设定也非常重要。每一个函数的功能必须清晰、代码简洁明了,这是系统设计中非常重要的问题。

(6) 友好的人机交互界面将极大方便使用者,这也是系统设计时需要考虑的问题。因为开发者一定要将使用者理解为完全不懂程序,只是在一个易操作的界面指导下使用程序完成特定功能。因此,菜单设计要清晰合理,对程序中的意外错误也要有充分的考虑,提示信息要丰富完整。

参考程序:

main. py

```
from file import *
from Student import *
def printHead():
    print('学号\t 姓名\t 性别\t 数学\t 英语\t 计算机\t 总分\t 名次')

def menu():
    # 1.顶层菜单函数
    print('********1.显示基本信息********')
    print('********2.基本信息管理********')
    print('********3.学生成绩管理********')
    print('********4.考试成绩统计********')
    print('********5.根据条件查询********')
    print('********0.退出        ********')

def menuBase():
```

```
    # 2.基本信息管理菜单
    print('******** 1.插入学生记录 ********')
    print('******** 2.删除学生记录 ********')
    print('******** 3.修改学生记录 ********')
    print('******** 0.返回上层菜单 ********')

def menuScore():
    # 3.学生成绩管理菜单函数
    print('******** 1.计算学生总分 ********')
    print('******** 2.根据总分排名 ********')
    print('******** 0.返回上层菜单 ********')

def menuCount():
    # 4.考试成绩统计菜单函数
    print('******** 1.求课程最高分 ********')
    print('******** 2.求课程最低分 ********')
    print('******** 3.求课程平均分 ********')
    print('******** 0.返回上层菜单 ********')

def menuSearch():
    # 5.根据条件查询菜单函数
    print('******** 1.按学号查询 ********')
    print('******** 2.按姓名查询 ********')
    print('******** 3.按名次查询 ********')
    print('******** 0.返回上层菜单 ********')

def baseManage(stu):
    # 该函数完成基本信息管理,按学号进行插入、删除、修改操作,学号不能重复
    choice = 0
    t = 0
    find = []
    oneStu = Student()
    while True:
        menuBase()
        print("请输入您的选择(0 -- 3):")
        choice = int(input())
        if choice == 1:
            readStu(stu,1)
        elif choice == 2:
            print("请输入需要删除的学生学号: ")
            oneStu.num = int(input())
            deleteStu(stu,oneStu)
        elif choice == 3:
            print("请输入需要修改的学生学号: ")
            oneStu.num = int(input())
            t = searchStu(stu,oneStu,1,find)
            if t:
                newStu = []
                readStu(newStu,1)
                stu[find[0]] = newStu[0]
            else:
```

```
                print("该学生不存在,无法修改其信息!")
        if not choice:
            break
    return len(stu)

def scoreManage(stu):
    # 该函数完成学生成绩管理功能
    choice = 0
    while True:
        menuScore()
        print("请输入您的选择(0 -- 2):")
        choice = int(input())
        if choice == 1:
            calcuTotal(stu)
        elif choice == 2:
            calcuRank(stu)
        if not choice:
            break

def printMarkCourse(s,m,k):
    # 打印分数通用函数,被 countManage()函数调用
    # 形参 k 代表输出不同的内容,0、1、2 分别对应最高分、最低分、平均分
    # i = 0
    print(s)
    for i in range(3):
        print('{:.2f}'.format(m[i][k]),end = '\t')
    print('')

def countManage(stu):                    # 该函数完成考试成绩统计功能
    choice = 0
    mark = [[0] * 3 for i in range(3)]
    while True:
        menuCount()                      #显示对应的二级菜单
        calcuMark(mark,stu)              #调用次函数求三门课程的最高分、最低分、平均分
        print("请输入您的选择(0 -- 3):")
        choice = int(input())
        if choice == 1:
            printMarkCourse("三门课程的最高分分别是: ",mark,0)
        elif choice == 2:
            printMarkCourse("三门课程的最低分分别是: ",mark,1)
        elif  choice == 3:
            printMarkCourse("三门课程的平均分分别是: ",mark,2)
        if not choice:
            break

def searchManage(stu):
    # 该函数完成根据条件查询功能 2
    i = 0
    choice = 0
    findnum = 0
    s = Student()
```

```
    while True:
        menuSearch()
        print("请输入您的选择(0 -- 5):")
        choice = int(input())
        if choice == 1:
            print("请输入待查询学生的学号: ")
            s.num = int(input())
        elif choice == 2:
            print("请输入待查询学生的姓名: ")
            s.name = input()
        elif choice == 3:
            print("请输入待查询学生的名次: ")
            s.rank = int(input())
        if choice >= 1 and  choice <= 3:
            f = []
            findnum = searchStu(stu,s,choice,f)   # 查找的符合条件元素的下标存于 f 列表中
            if findnum:
                printHead()
                for i in range(findnum):
                    printStu([stu[f[i]]],1)       # 每次输出一条记录
            else:
                print("查找的记录不存在!")
        if not choice:
            break

def runMain(stu,choice):
    # 主控模板,根据用户的输入,选择执行下一级菜单的功能
    if choice == 1:
        printHead()
        sortStu(stu,1)                         # 按学号由小到大对记录进行排序
        printStu(stu)
    elif choice == 2:
        n = baseManage(stu)                    # 2.基本信息管理
    elif choice == 3:
        scoreManage(stu)                       # 3.学生成绩管理
    elif choice == 4:
        countManage(stu)                       # 4.考试成绩统计
    elif choice == 5:
        searchManage(stu)                      # 5.根据条件查询
if __name__ == "__main__":
    stu = []
    n = readFile(stu)
    if n == 0:
        n = createFile(stu)
    while True:
        menu()
        choice = int(input("请输入您的选择(0 -- 5):"))
        if (choice >= 0)and (choice <= 5):
            runMain(stu,choice)
        else:
            print("输入错误,请重新输入!")
```

```
        if choice == 0:
            break
    sortStu(stu,1)                                    # 存入文件前按学号由小到大排序
    saveFile(stu)
```


student. py

```
class Student(object):
# 学生信息类
    def __init__(self,num = 0,name = '',gender = '',score1 = 0,score2 = 0,score3 = 0,total = 0,
rank = 0):
        self.num = num                                # 学号
        self.name = name                              # 姓名
        self.gender = gender                          # 性别
        self.score1 = score1                          # 三门课的成绩
        self.score2 = score2
        self.score3 = score3
        self.total = total                            # 总分
        self.rank = rank                              # 名次

def readStu(stu,n = 100):
# 读入学生记录值,学号为0或读完规定条数记录时停止
    while n > 0:
        oneStu = Student()
        print("请输入一个学生的详细信息(学号为0时结束输入):")
        oneStu.num = int(input("学号:"))             # 输入学号
        if oneStu.num == 0:                           # 学号为0时停止输入
            break
        else:
            for i in range(0,len(stu)):
                if equal(stu[i],oneStu,1):
                    print("列表中存在相同的学号,禁止插入!")
                    # 学号相同不允许插入,保证学号的唯一性
                    return len(stu)
        oneStu.name = input("姓名:")                 # 输入名字
        oneStu.gender = input("性别:")               # 输入性别
        oneStu.total = 0                              # 总分需要计算求得,初值置为0
        print("请输入该学生三门课的成绩,用,分割:")
        oneStu.score1, oneStu.score2, oneStu.score3 = eval(input())
        oneStu.rank = 0                               # 名次需要根据总分计算,初值为0
        stu.append(oneStu)
        n = n - 1
    return len(stu)                                   # 返回实际读入的记录条数

def printStu(stu,n = 100):
    count = 0
    for i in range(len(stu)):
        print(stu[i].num,'\t',stu[i].name,'\t',stu[i].gender,sep = '',end = '\t')
        print(stu[i].score1,'\t',stu[i].score2,'\t',stu[i].score3,end = '\t')
        print(stu[i].total,end = '\t')
        print(stu[i].rank)
```

```
            count = count + 1
            if count >= n:
                break

def equal(s1,s2,condition):
    # 如何判断两个 student 记录相等
    if condition == 1:
        return  s1.num == s2.num                 # 比较学号
    elif condition == 2:
        if s1.name == s2.name:                   # 比较姓名
            return 1
        else:
            return 0
    elif condition == 3:
        return s1.rank == s2.rank                # 比较名次
    elif condition == 4:
        return s1.total == s2.total              # 比较总分
    else:
        return 1

def larger(s1,s2,condition):
    # 根据条件比较两个记录大小
    if condition == 1:
        return s1.num > s2.num
    if condition == 2:
        return s1.total > s2.total
    else:
        return 1

def reverse(stu):
    # 数组元素逆置
    n = len(stu)
    for i in range(0,int(n/2)):
        temp = stu[i]
        stu[i] = stu[n - 1 - i]
        stu[n - 1 - i] = temp

def calcuTotal(stu):
    # 计算所有学生的总分
    for s in stu:
        s.total = s.score1 + s.score2 + s.score3

def calcuRank(stu):
    sortStu(stu,2)                               # 按总分从小到大排序
    reverse(stu)                                 # 逆置,从大到小
    stu[0].rank = 1                              # 第一条记录的名次为 1
    for i in range(1,len(stu)):                  # 从第二条记录开始循环
        if equal(stu[i],stu[i - 1],4):           # 如果当前记录与前一条记录总分相等
            stu[i].rank = stu[i - 1].rank        # 则当前记录名次 = 前一记录名次
        else:
            stu[i].rank = i + 1
```

```
def calcuMark(m,stu):
    # 求三门课的最高分、最低分、平均分
    # m 的第一维代表三门课程,第二维代表最高分、最低分、平均分
    # 求三门课的最高分
    m[0][0] = stu[0].score1
    for j in range(1,len(stu)):
        if m[0][0]< stu[j].score1:
            m[0][0] = stu[j].score1
    m[1][0] = stu[0].score2
    for j in range(1,len(stu)):
        if m[1][0]< stu[j].score2:
            m[1][0] = stu[j].score2
    m[2][0] = stu[0].score3
    for j in range(1,len(stu)):
        if m[2][0]< stu[j].score3:
            m[2][0] = stu[j].score3
    # 求三门课的最低分
    m[0][1] = stu[0].score1
    for j in range(1,len(stu)):
        if m[0][1]> stu[j].score1:
            m[0][1] = stu[j].score1
    m[1][1] = stu[0].score2
    for j in range(1,len(stu)):
        if m[1][1]> stu[j].score2:
            m[1][1] = stu[j].score2
    m[2][1] = stu[0].score3
    for j in range(1,len(stu)):
        if m[2][1]> stu[j].score3:
            m[2][1] = stu[j].score3
    # 求三门课的平均分
    m[0][2] = stu[0].score1
    for j in range(1,len(stu)):
        m[0][2] += stu[j].score1
    m[0][2]/ = len(stu)
    m[1][2] = stu[0].score2
    for j in range(1,len(stu)):
        m[1][2] += stu[j].score2
    m[1][2]/ = len(stu)
    m[2][2] = stu[0].score1
    for j in range(1,len(stu)):
        m[2][2] += stu[j].score3
m[2][2]/ = len(stu)

def sortStu(stu,condition):                    # 选择法排序,按 condition 条件由小到大排序
    t = Student()
    i = 0
    j = 0
    minpos = 0                                 # 存本趟最小元素所在的下标
    for i in range(0,len(stu) - 1):            # n-1 趟
        minpos = i
```

```
        for j in range(i+1,len(stu)):
            if larger(stu[minpos],stu[j],condition):
                minpos = j
        if i!= minpos:
            t = stu[i]
            stu[i] = stu[minpos]
            stu[minpos] = t

def searchStu(stu,s,condition,f):           # 在 stu 列表中按 condition 条件查找
    # 与 s 相同的元素,由于不止一条记录符合条件,因此将这些元素的下标置于 f 数组中
    find = 0
    for i in range(0,len(stu)):
        if equal(stu[i],s,condition):
            f.append(i)                     # 找到了相等元素,将其下标放到 f 列表中
            find += 1                       # 统计找到的元素个数
    return find                             # 值为 0 表示没找到

def deleteStu(stu,s):                       # 从列表中删除指定学号的一个元素
    for i in range(0,len(stu)):             # 寻找待删除的元素
        if equal(stu[i],s,1):               # 如果找到相等元素
            del stu[i]                      # 删除对应元素
            break
    else:
        print("该学生不存在,删除失败!")
    return len(stu)
```

file. py

```
from Student import *
def createFile(stu):
    try:
        fp = open('student.txt','w')
    except IOError:
        print("文件打开错误!")
        exit()
    print("请输入初始的学生信息列表:")
    readStu(stu)
    tab = '\t'
    for i in range(len(stu)):
        s = str(stu[i].num) + tab + str(stu[i].name) + tab + str(stu[i].gender) + tab + \
            str(stu[i].score1) + tab + str(stu[i].score2) + tab + str(stu[i].score3) + tab + \
            str(stu[i].total) + tab + str(stu[i].rank) + '\n'
        fp.writelines(s)
    fp.close()
return len(stu)

def readFile(stu):
    try:
        fp = open('student.txt','r')
    except IOError:
        print("学生信息文件不存在,请输入初始数据创建文件:")
```

```
            return 0
        s = ['']
        for line in fp.readlines():
            line = line.rstrip('\n')
            s = line.split('\t')
            oneStu = Student()
            oneStu.num = int(s[0])
            oneStu.name = s[1]
            oneStu.gender = s[2]
            oneStu.score1 = int(s[3])
            oneStu.score2 = int(s[4])
            oneStu.score3 = int(s[5])
            oneStu.total = int(s[6])
            oneStu.rank = int(s[7])
            stu.append(oneStu)
        fp.close()
        return len(stu)

    def saveFile(stu):
        try:
            fp = open('student.txt', 'w')
        except IOError:
            print("文件打开错误!")
            exit(0)
        tab = '\t'
        for i in range(len(stu)):
            s = str(stu[i].num) + tab + str(stu[i].name) + tab + str(stu[i].gender) + tab + \
                str(stu[i].score1) + tab + str(stu[i].score2) + tab + str(stu[i].score3) + tab + \
                str(stu[i].total) + tab + str(stu[i].rank) + '\n'
            fp.writelines(s)
        fp.close()
```

参考文献

[1] 薛景，陈景强，等. Python 程序设计基础教程[M]. 北京：人民邮电出版社，2018.

[2] 张思民. Python 程序设计案例教程从入门到机器学习 [M]. 北京：清华大学出版社，2019.

[3] 吕云翔，姜峤，孔子乔. Python 基础教程：第一门编程语言[M]. 北京：人民邮电出版社，2018.

[4] 王小银，王曙燕，孙家泽. Python 语言程序设计[M]. 北京：清华大学出版社，2018.

[5] 袁方，肖胜刚，齐鸿志等. Python 语言程序设计[M]. 北京：清华大学出版社，2019.